园林绿化工操作技能

YUANLIN
LUHUAGONG
CAOZUO JINENG

黄凯 主编

化学工业出版社
·北京·

《园林绿化工操作技能》（第二版）以园林绿化工作的具体单项实际操作为主要内容进行编写，包括园林绿化技术的各个方面：主要有园林树木栽培养护技术，园林树木植树工程技术，园林树木繁育技术，园林建筑施工技术，园林植物病虫害防治技术及园林机械使用与维护技术等内容。另外，在编写中还增加了一些理论知识、新的实用技术和科研成果，以利于读者的知识拓展和提高。

本书可供从事园林绿化工作的技术工人阅读，也可作为园林绿化技术工人职业技能培训教材使用，还可供园林绿化专业及其相关专业大中专院校学生作为专业实践指导书使用。本书内容结合了作者多年的实践工作经验，内容丰富全面，技术简单实用，语言通俗易懂，图文并茂，有利于提高一线技术工人自身的操作技能，丰富技术基础知识，特别适合工人的自学和培训。

图书在版编目（CIP）数据

园林绿化工操作技能/黄凯主编．—2版．—北京：化学工业出版社，2018.8（2024.6重印）
ISBN 978-7-122-32320-0

Ⅰ.①园…　Ⅱ.①黄…　Ⅲ.①园林-绿化-基本知识　Ⅳ.①S731

中国版本图书馆CIP数据核字（2018）第115235号

责任编辑：袁海燕　　装帧设计：王晓宇
责任校对：王素芹

出版发行：化学工业出版社（北京市东城区青年湖南街13号　邮政编码100011）
印　　装：北京科印技术咨询服务有限公司数码印刷分部
850mm×1168mm　1/32　印张7½　字数188千字
2024年6月北京第2版第8次印刷

购书咨询：010-64518888
售后服务：010-64518899
网　　址：http://www.cip.com.cn
凡购买本书，如有缺损质量问题，本社销售中心负责调换。

定　　价：38.00元

《园林绿化工操作技能》（第二版）编写人员名单

主　编　黄　凯

副主编　杨　艳

参　编　孙维娜　李树江　李　婷　戴智勇

主　审　柳振亮

前言

Preface

当前，园林绿化工人大多是农村进城务工人员，他们几乎没有经过园林绿化工作的专业学习和正规的技术培训，一般是在中、高级技术人员的指挥下从事各项具体工作。在工作中，技术人员布置工作不可能详细具体，工人总是询问该如何干活或等待指导，延误了工作进程。而刚从园林职业学校毕业的学生理论学习得多，实践能力略显不足，学到的内容也不够全面。

同时，园林绿化工的具体工作内容复杂，既要掌握树木的施肥浇水、树木修剪、挖坑栽树的技能，还要会繁殖苗木、病虫害防治、使用机械除草及打药，有时还要修路、铺路、砌水池、堆假山、安装草坪灯等。实践中有些工作的技术性远远超出了工人所具备的技能，而市场上指导工人具体操作和便于自学的书籍较少。因此，特别需要一本既全面介绍基础知识和技能，又能结合绿化实际、指导动手操作的书籍。

在此背景之下，化学工业出版社组织柳振亮教授科研团队编写出版了《园林绿化工操作技能》第一版，第一版上市后深受读者欢迎，市场需求量很大，但是距今已经过去五年，园林绿化技术已更新换代，有部分内容需要增减修订（如植树工程、繁育、园林机械等）。为此编写组又组织一批从事园林绿化工作几十年，具有丰富理论与实践经验的专家、教授以及从事园林绿化工作多年的技术人员参与第二版的修订工作，参加本版的编写人员来自北京农学院、北京市昌平区城乡环境建设规划管理中心、北京市昌平区园林管理处、北京市昌平区南口市政市容服务中心等单位，编写分工如下：第一章　园林树木栽培养护技术（孙维娜，北京市昌平区园林管理处）；第二章　园林树木植树工程技术（杨艳，北京市昌平区城乡环境建设规划管理中心）；第三章　园林树木繁育技术（杨艳，北京市昌平区城乡环境建设规划管理中心；李树江，北京市昌平区南口市政市容服务中心）；第四章　园林建筑施工技术（黄凯，北京农学院；戴智勇，北京农学院）；第五章　园林植物病虫害防治技术（李婷，北京市昌平区园林管理处）；第六章　园林机械使用与维护技术（黄凯，北京农学院）。

相信本书的出版能够满足一线技术工人的需求，并能为我国园林绿化工作的规范提供一定的帮助。

因时间及水平等原因，书中可能存在疏漏之处，敬请读者指正。

作者

2018 年 5 月

目录

Contents

第一章 园林树木栽培养护技术

01 Chapter

第一节 树木整形修剪的意义

一、整形修剪的概念

1. 树木整形

树木整形是指在树木幼龄期间通过修整树姿将其培养成骨架结构配备合理，具有较高观赏价值的树形。一般要求树冠成形快，具有充分的有效光合作用面积，无效枝叶少，能充分利用光能，树冠骨架牢固，适应种植地的立地条件，树体大小高矮利于栽培管理。

2. 树木修剪

树木修剪是指在树木成形后，为维持和发展既定树形，通过枝芽的除留来调节树木器官的数量、性质、年龄及分布上的协调关系，促进树木均衡生长。

二、树木整形修剪的意义

1. 调整树势，促进生长

树木经过修剪后，树体中的水分、养分可集中供应留下的枝芽，促进局部生长。树体进入衰弱阶段后，产生树冠秃裸，生长势减弱，对衰老枝强剪疏除，或对衰老树主、侧枝分次回缩修剪，以刺激枝干皮层内的隐芽萌发。选留其中生长势强、位置分布合理的新枝替代原有的老枝，进而形成新树冠，更新老枝，恢复树势，促进生长。

2. 美化树形

树木要保持原有自然美，树木通过整形，会使树木的自然美与人为整形修剪干预后融为一体来生长，树木自然美能够进一步充分得到发挥。从树冠结构来说，经过人工整形修剪的树木，各级枝序的分布和排列更科学合理。整形修剪使各层主枝上排列分布有序，错落有致，占据的空间位置互不干扰、层次分明、结构合理、生长旺盛。

3. 协调比例

如果不加控制放任树木的生长，树冠庞大，造成树木整体不协调。只有通过合理的整形修剪加以控制，及时调节树木与环境的比例，才能达到并保持苗木种植的目的。如建筑物窗前常配植的灌木或造型树，应做到及时修剪，不放任其生长，才能达到既美观大方，又不影响采光的目的。园林景点中，假山周边绿化的树木只起陪衬作用，不需要过于高大，采用整形修剪方法，控制树木的高度，以小见大，突出园林中的主要景点。对于树木本身，树冠占整个树体比例是否得体，也是影响树形效果和树木自身生长的因素之一。因此，合理的树形修剪，可以协调冠高比例，确保园林艺术美的需要。

4. 改善通风透光条件

自然生长的树木或者是修剪不当的树木，往往枝条密生，树冠密闭，内膛枝细弱老化。必须及时修剪内膛细弱枝，进行适当疏枝，才能使树冠通风透光；同时也可以降低树冠内的湿度，从而使树木生长旺盛，减少病虫害的发生。

5. 解决树木与高架线、建筑、道路等之间的矛盾

因受到地理种植条件和人为因素等的影响，园林树木在生长过程中，可能会出现与架空线相互搭接、树冠茂盛影响采光、枝条下垂影响交通等情况。这时需要修剪来控制枝条生长方向以解决实际问题，做到合理及时，避免安全隐患发生。

6. 增加开花结果量

对于观花观果植物，正确修剪可使养分集中到保留的枝条，促进大部分短枝和辅养枝成为花果枝，形成较多花芽，从而达到着花繁密，增加结果量的目的。通过整形修剪，还可以调节树木生长规律，达到提早或延迟开花，着花着果时间延长等效果。

第二节 整形修剪的操作技术

根据树木生物学特性，依据园林绿化功能和设计的要求，在顺应和满足树种分枝方式、层次、顶端优势、萌芽力、发枝力等生长习性的基础上，通过修剪改善通风透光条件，满足生理需要，符合并保持观赏要求。做到因地制宜，因树修剪，因时修剪。

一、整形修剪的技术

分为短截、疏枝、长放、回缩等。

1. 短截

短截是指剪去单个枝条一部分的修剪方法，对植物枝条有局部促进作用，可促进剪口下侧芽的萌发，是增加分枝数量、促进分枝生长的重要方法。

（1）轻短截　只剪去枝条顶端部分，剪去枝条长度的1/5～1/4。留芽较多，剪口芽是较壮的芽，剪后可提高叶芽萌芽力，抽生较多的中、短枝条，次年开花，分散枝条养分，缓和树势。

（2）中短截　在枝梢的中上部饱满芽处短剪，即剪去枝条长度1/3～1/2，留芽比轻短截少，剪后对剪口下部新梢的生长刺激作用大，形成中、长枝较多，新生枝条不会徒长也不会变弱，母枝加粗生长快。

（3）重短截　在枝梢的下部短剪，一般剪口下留1～2芽壮梢，其余为瘦芽，留芽更少。截后刺激作用大，常在剪口附近抽1～2个壮枝。其余由于芽的质量差，一般发枝很少或不发枝，故总生长量较少，多用于结果枝组。也适用老树、弱枝复壮的更新修剪。

（4）戴帽截　在单条枝的年界轮痕或春、秋梢交界轮痕处盲芽附近剪截，这是一种抑前促后培养中、短枝的剪法，多用于小型结果枝组的培养。

2. 疏枝

枝条过密或无景观意义如枯死枝、病虫枝、徒长枝、下垂枝、轮生枝、重叠枝、交叉枝等，把这些枝从基部剪除，称为疏枝。疏枝的作用如下：

① 控制强枝，控制增粗生长。疏剪量的大小决定着长势削弱

程度；

② 疏剪密枝减少枝量，利于通风透光减少病虫害；

③ 疏剪轮生枝，防止掐脖现象，疏剪重叠、交叉枝，为留用枝生长腾出空间。

3. 长放

长放就是不剪，这样可缓和枝的生长势，有利于养分积累，促进增粗生长，使弱枝转强，旺枝转弱。但旺枝甩放，增粗显著，尤其是背上旺枝易越放越旺，形成大枝，扰乱树形，一般不缓放。否则应采取刻伤、扭伤、改变方向的措施加以控制。

4. 回缩

对多年生枝进行短截，叫回缩。通常在多年生枝的适当部位，选一健壮侧生枝作当头枝，在分枝前短截除去上部。回缩可以改变主枝的长势、改变发枝部位、改变延伸方向、改善通风透光。

树木多年生长后，株行距过密或修剪方法不当，造成枝条都集中在树冠最上部，下部形成光脱，用回缩修剪方法，促使下部萌发新枝。碧桃、紫薇、紫荆等常用此方法。

二、整修修剪中注意事项

① 修剪树木前应制定修剪技术方案，并对作业人员进行培训，认真贯彻后方可进行操作。对修剪量大、技术要求高、工期长的修剪任务，应制定详细的修剪计划，包括修剪时间、人员安排、工具准备、施工进度、枝条处理、现场安全等。作业人员应选择适用的工具、器械，并定期对其进行检查、消毒和保养，树上操作时应采取必要的劳动保护。

② 根据树木生长状况和立地环境条件，通过修剪确保人员、车辆和邻近附属设施安全。同一树龄和品种的林带，分支点高度应

基本一致，位于林带边缘的树木分枝点可稍低于林内树木。行道树的树形和分枝点高度应基本一致，分枝点高度不得低于 2.8 米，在交通路口 30 米范围内的树冠不能遮挡交通信号灯，路灯和变压设备附近的疏枝应与其保留出足够的安全距离。

③ 树木与原有架空线发生矛盾时，应及时修剪疏枝，使其与架空线保持安全距离。

④ 行道树等需高空作业的修剪应封闭工作区域，设置现场专职安全员，设立明显的路障和安全警示标志。在供电电缆及各类管线设施附近作业时，应划定保护区域，采取必要的保护措施，保障作业人员安全，防止损坏管线及设施。

三、修剪应选择适宜的修剪时期

① 剪除枯死枝、病虫枝及抹芽等可随时进行，回缩更新修剪应在休眠期进行。

② 抗寒性差易抽条的树种应于早春气温回升，温度稳定后进行。月季、紫薇、木槿等一年多次开花的树木应在花后短截，落叶后枝条凌乱影响观赏效果的可于初冬做轻短截修剪，来年早春再重短截修剪。

③ 有严重伤流和易流胶的树种，如核桃、元宝枫等，应避开生长季和落叶后伤流严重期。

④ 常绿树种应在冬季做好修剪工作。

第三节 冬季修剪技术

冬季修剪又称休眠期修剪，自秋季树木落叶至春季萌芽前，凡是修剪量大的乔灌木整形、截干、缩剪、更新都应在冬季休眠期进行。

冬季修剪的顺序可安排先修剪耐寒树种，后修剪一般耐寒树种，最后进入2月底至3月上旬再修剪不耐寒的树种，如月季、紫薇、木槿等，因为过冬后存在抽条现象，修剪时抽到哪个部位剪到哪个部位。

一、龙爪槐的冬季修剪

龙爪槐是国槐的一个变种，豆科，槐属，落叶乔木，因其枝干可自然扭曲，弯曲下垂，状如龙爪而名。叶为羽状复叶，互生，小叶7～12枚，卵形或椭圆形，冠幅自然生长，圆状宛如大绿伞插在地上。龙爪槐寿命很长，适应性很强，对土壤要求不严，观赏价值非常高，可作为优美的装饰树种，常栽植于入口处、建筑物前、庭院及草坪边缘等。

修剪要点：

① 为了能够将龙爪槐修剪形成开心形、圆状伞形树冠，一般把龙爪槐树冠按照米字形来整形修剪。**龙爪槐主枝一般定为3～5个**，各主枝上的第一侧枝距离中干40厘米左右，顺向着生。第二侧枝着生在第一侧枝的对面，与第一侧枝的距离视树冠大小而异，一般为30厘米。其余部分用各类枝组填充空间。在主枝背上选一合适枝条连年短截，使其直立向上生长，待达到一定高度再按自然开心的主枝排列原则进行修剪做形（图1-1）。

② 进入冬季后，可清楚地看到龙爪槐交错枝条，修剪之前，先要对整个树冠细致观察，了解树势整体状况，以便在剪枝时，做到心中有数。对于树冠相对来说比较完整的龙爪槐，将病死枝去掉，如已经变黄干枯的枝条属于病死枝，全部去除以免干扰其他枝条的生长。

对所留各主枝进行适度短截，短截时应注意，为了促进新梢生长每一主枝上可选留两三个延伸枝，向外延伸生长，**一般从新梢下垂弯曲处下方剪去**，留斜向上的外芽，主、侧枝背上壮枝一律疏除，侧枝超过主枝时要换头，为充分利用空间可按空间大小安排枝

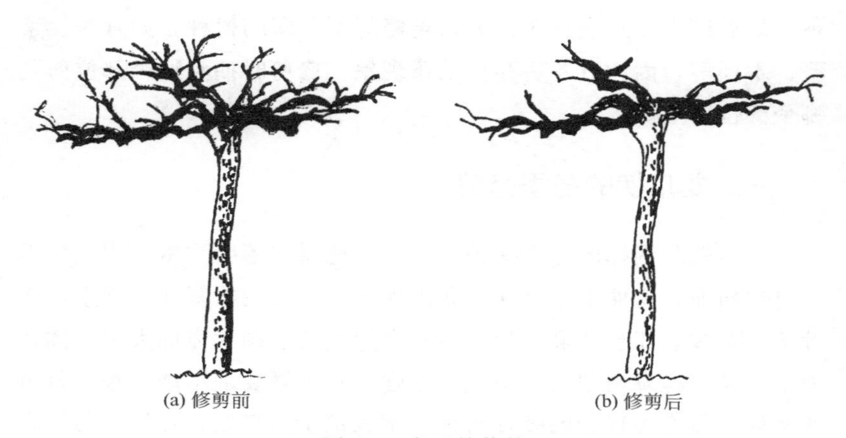

(a) 修剪前　　(b) 修剪后

图 1-1　龙爪槐修剪

组。剪口最好离芽 0.5～1 厘米处，这样剪茬在干枯脱落后能留下自然疤痕，不会导致死亡，最终要求剪口不得劈裂撕皮。

③ 要对**长势好的枝条轻截长留**，剪时本着留芽留上不留下的原则，因为上部芽易于扩撑，下部芽利于下垂，这样可有效扩展树冠，强化枝干求其枝美。

对长势弱的枝条进行重剪，将枝条留短一些，留下 1～2 个芽即可，这样有利于促进第二年壮芽生长。此方法可进一步美化树姿，需注意各个主枝上侧枝安排，要错落相间，充分利用空间，以便形成一个圆形完整的树冠。

将内膛细弱枝和过密枝全部去掉，只留下主要枝条，因为这些枝条不仅消耗树木营养而且还影响树木生长，剪截点要短，这样才不会有发芽机会，修剪后可体现出龙爪槐扭曲多变的美。

在冬季修剪**龙爪榆等树木时可参考龙爪槐的修剪方法**，同时做到因树修剪、因形修剪。

二、紫叶桃的冬季修剪

紫叶桃是蔷薇科、桃属。新叶紫红色，后渐变为绿色，花梗短，花粉红或大红色、单瓣或重瓣，花期 3～4 月。

紫叶桃为春季开花，以短截为主，通过抑强扶弱的方法，使枝势互相平衡。紫叶桃在修剪时，培育骨架和枝组很重要，大枝组通常是四级以上，休眠季按树体整形方式要求修剪。

修剪要点：

① 修剪时要考虑到欣赏面和欣赏作用，树体丰满强壮，外形匀称整齐，**修剪先去掉枯死枝、病虫枝、伤残枝等**（图 1-2）。

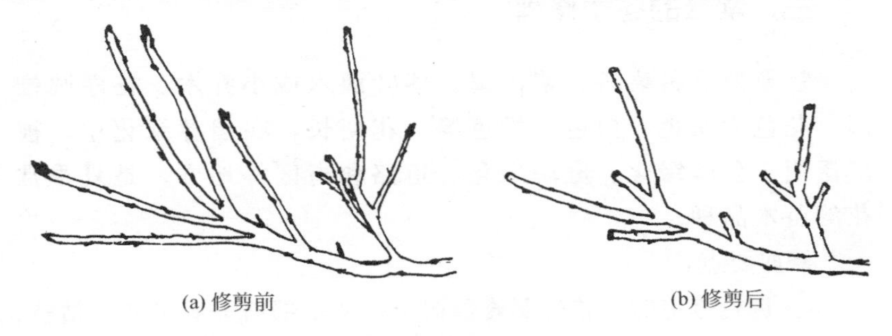

(a) 修剪前　　(b) 修剪后

图 1-2　紫叶桃修剪

② 然后**确定树体的骨干枝，进行骨干枝的培育**。明确各主枝和各级侧枝的从属关系，当主枝延伸过长时，要及时回缩。

③ 假如主枝很弱，能够在主枝上选出旺盛的、斜向上的分枝替代原枝头，并对新枝头进行恰当短截选合适的分枝代替原枝头，进行短截。

④ **主枝一定要高出其他枝，并且要留得长**。用相同的办法修剪侧枝，做相应的短截和回缩修剪。要保持各枝的主从关系，侧枝的粗细、长短都不能超越所属的主枝。根据空间大小安排大、中、小型各类枝组。

⑤ 紫叶桃**大枝组形成过程**是第一年选用生长旺盛的枝条留 5～12 节短截，第二年留 2～3 个分枝回缩，其他枝条疏去，以此类推，4 年即可构成大枝组。中枝组有 3～4 级分枝，小枝组有 2 级分枝。中小枝组常在树冠的中上部或内膛。小枝组两年即可构成，

第一年将枝留 3～5 节短截，第二年留 3 个分枝左右最好，3 个分枝短截成一长、一中、一短，其他枝疏除。中枝组是由几个小枝组组成的。一切枝组的摆放要隶属分明、摆放有序。假如在修剪时只留意骨干枝的组织，不留意开花枝组的培育，很快就会出现开花部位上移、内膛枝枯死、开花平面化等缺点，所以枝组的培育很重要。

三、紫薇的冬季修剪

紫薇为千屈菜科、紫薇属。落叶灌木或小乔木。花序圆锥形，花色为紫色、白色、粉色等，花期长，在园林绿化中，被广泛用于公园绿化、庭院绿化、道路和街区等地方，是夏季赏花的苗木品种。

修剪要点：

① 进行修剪时，**首先要修整树形**，从基部剪去病虫枝、枯枝、过密枝、交叉枝和直立枝。为了保持树冠面整齐美观，**疏剪超出树冠外的过长枝条**及影响树形的枝条。

② 其次是对上年花后的残花果和穗后萌发的**秋梢进行修剪**，由于其生长时间较长，芽眼饱满，应采用轻剪或中剪，长势强的可轻剪，长势弱的中剪，促进母枝腋芽多分生健壮的侧枝发育成花枝。

- 轻剪就是从母枝长 2/3 处短截，剪去 1/3 的末梢，保留长母枝，剪后萌发的新梢花枝多，但花序较短。中剪就是在母枝长 1/2 处短截，留下中长母枝，萌发的新梢较健壮，花序也较大，花蕾多。而对于上年花后未修剪而带果实越冬的结果母枝，由于其营养积累少，应适当重剪，短截枝条的 2/3～1/2，保留基部芽眼较饱满的短母枝，以集中营养供应新梢发育成花枝。

- 整形中选留的主、侧枝要进行中度短截，剪口要选留外芽，以利萌生壮枝和扩大树冠，其余的弱枝、细枝要全部疏除，以减少营养消耗。选留的主侧枝经中短截后，剪口可萌生壮枝 3～4 个，第二年修剪时在萌发的 3～4 个枝条中选一个角度好、方向正、长势壮的枝条做枝头，仍进行中短截修剪。同时疏除背上直立枝条。

四、榆叶梅的冬季修剪

榆叶梅为蔷薇科、桃属。因其叶似榆，花如梅，故名榆叶梅。榆叶梅枝叶茂密，花繁色艳，是北方春季园林中的重要观花灌木。宜植于公园草地、路边，或庭园中的墙角、池畔等。如将榆叶梅植于常绿树前，或配植于山石处，则能产生良好的观赏效果。

冬季修剪榆叶梅是为了提高次年春季观花效果，促进生成更多的花枝，所以保留花芽较多的小枝，做到三疏三密，即小枝多大枝少，里面少外面多，下面多上面少。同时保证结构和层次分明的自然开张的树形，满足榆叶梅对光照的需要，使花芽分化顺利进行，保证观赏效果。

修剪要点：

① 榆叶梅常见的整形方式有自然开心型、主干圆头型等。其中**自然开心型**是榆叶梅在园林中最常用的形式，**这种树形有明显的主干，在植株的主干上选留 3～4 个主枝**。主枝上均匀地选留侧枝，特别注意同级侧枝尽量留在同方向，避免造成侧枝相互交叉。这一树形的优点是树形挺拔，主枝明确，小枝多而自然，开花时显得潇洒大方。

剪去枝条的一部分，促进抽枝数量和枝条的长势，促使定向、定位发枝。修剪时应以枝组为单位，先修剪小的枝组，即在上年的剪口附近往往抽生许多一年生枝，可保留 3～4 个一年生枝，以保留 3 个分枝为好，一般选择向外延展的枝条为最长的主枝做枝头，其余 2 个侧枝的长度和粗度都不能超过这个主枝，**剪成长枝作为枝**

头在最上，第2枝在中间，最短在最下的格局。可除去其余枝条，由若干个这样的小枝组形成1个中枝组。数个中枝组和小枝组形成大枝组。短截时注意长度，为保证次年多抽生强壮的开花枝条，短截后的枝条长度应在20～30厘米，如果要求次年春季多开花，可留到50厘米，花后再修剪到20～30厘米。修剪后每个枝组都形成局部小桩景。同时，要注意各类型枝组高低排列和搭配，使其错落有致。

② 在榆叶梅的修剪中，如果榆叶梅的枝量大，小枝密集杂乱，会造成内部通风透光不良，树体生长不好，观赏效果差。**“疏”即是当植物内部枝条过密时，从基部剪掉枝条**，疏剪的对象可以是交叉枝、平行枝、内向枝、背上枝、衰老枝。“疏”有利于打造简洁的株形，提高榆叶梅观赏价值。

③“长放”即不处理枝条，也称为长放或甩放。在榆叶梅的修剪中，利用其单枝生长趋势逐年减弱的特点，**对部分长势中等的枝条长放不修剪**，保留大量的枝叶，以积累更多的营养物质，从而促进该枝条花芽的形成，使生长旺盛的枝条可以提前开花，增强春季榆叶梅的观赏效果。另外，冬季修剪时，花芽多的细枝、小枝也可“放”，留着次年观花。

但实际操作中，应本着因地制宜因树修剪的原则，灵活运用各种整形修剪技术，同时兼顾水肥等养护管理措施，使其生长发育良好，体现树种特色，发挥其园林美化的作用。

五、悬铃木（法桐）的冬季修剪

悬铃木俗称法桐，悬铃木科，悬铃木属，落叶乔木，高可达20米以上。树形优美，萌芽力和成枝力很强，比较耐修剪，可作为行道树和庭荫树。

修剪要点：

① 悬铃木树形修剪为开心型，悬铃木枝条具有健壮的顶芽，

整形修剪时要充分利用这一特性，**引导各级主枝、侧枝及辅养枝的生长延伸方向，平衡各级分枝的生长势**，使树冠逐步均匀扩展，便可得到稳定的圆满树冠。

② 未成型的悬铃木修剪：悬铃木**定植后的1～3年，每年对主枝延伸枝打头，一般短截延长枝总长度的1/3**，去掉先端的秋梢不充实部分，以健壮的春梢腋芽带头，并疏除枝头附近的过密枝和直立生长枝。其余枝尽量多保留，作为辅养枝，增加叶面积数量。

各级侧枝的生长势不能超过所属主枝。着生在侧枝左右两侧或背上的枝条要严格控制同侧的侧生枝，间距应在30厘米以上，并尽量改变其生长方向，使其向背斜侧和背后生长。

③ 已经成型的悬铃木修剪：出现较强势力的竞争枝条时应采取重截枝的方法控制其生长势，加大分枝角度，根据具体情况用**“疏旺留壮”**的方法削弱生长势，保证枝间的平衡。

对于生长过旺的枝头短截后发生的均匀的多个枝条，可从中选一个较适宜的枝代替原来的枝头。枝条过于密生时可疏掉大部分的新枝，留1～2个方向好的枝条补充空间（图1-3）。

六、蜡梅的冬季修剪技术

蜡梅为蜡梅科，蜡梅属，落叶灌木，又称黄梅和香梅。

修剪要点：

① 蜡梅应采用低干的开心形树形修剪，干高在40厘米左右，**每个主枝上留侧枝1～2个**，其他枝条一般留下作为培养小型枝组的基础。各主枝处留斜向外生长的枝条作为枝头。

② **冬季修剪时以逐步完成树形为主**，保证各级骨干枝的生长优势，**骨干枝头剪掉1/3**，终止枝条无止境地延伸，同时促使剪口下面的腋芽萌发，从而长出更多的侧枝来增加着花部位，使株形更加丰满浑圆，防止树膛内部中空（图1-4）。

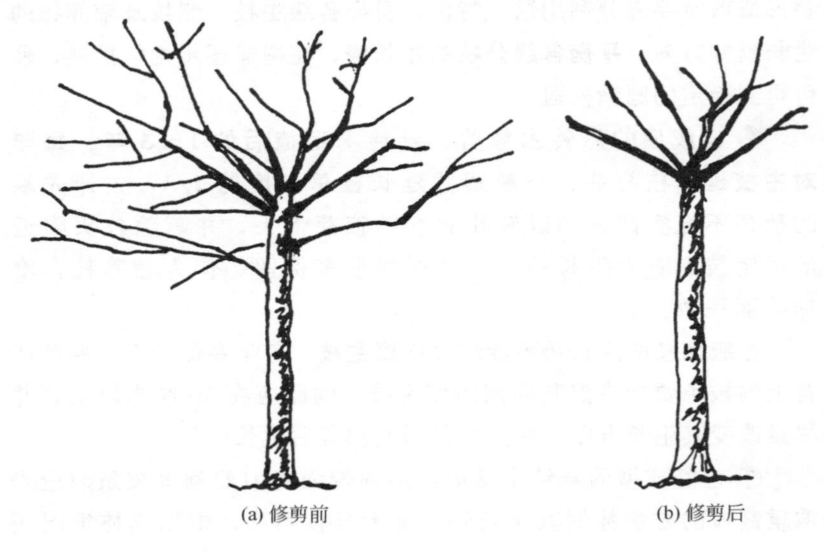

图 1-3 法桐修剪

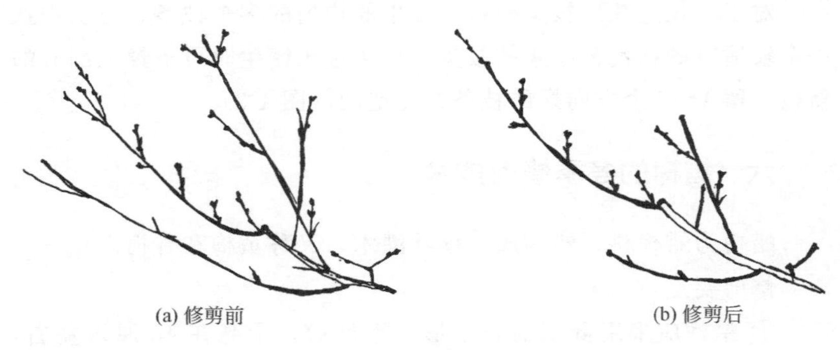

图 1-4 蜡梅修剪

③ 剪口应位于 1 枚朝外侧生长的腋芽上方，待剪口芽萌发后，才能使母枝的延长枝向树冠外围伸展，避免产生内向枝。用换头修剪方法控制侧枝生长势，使其不强于主枝。**疏除连续开花后过密和过弱的小枝组**，强枝短截留芽 2～3 对芽，弱枝短截留 1 对芽，做到新老枝组的及时更新。

④ 当植株内部的枝条过密时，应当把它们从基部疏掉一部分，疏剪的对象是交叉枝、平行枝、内向枝、病枯枝和衰老枝，防止树形紊乱，使它们层次分明，有利于通风透光和开花。疏剪时应紧贴母枝的皮层把不要的枝条剪掉，不要留下残桩。

第四节　夏季修剪技术

夏季修剪又称生长期修剪，自树木叶芽萌动至当年停止生长前，一般为4～9月，夏季修剪主要内容和目的是调整主枝方位，剪除过密枝条，摘心、剪除孽芽等，生长期调整树势可减少养分损失，提前育好树形。

一、紫叶桃的花后修剪技术

碧桃生长健旺，修剪工作很重要。花后要及时进行修剪，避免出现株体过于繁密，不通风，影响生长。

修剪要点：

① 抹芽。及时**抹掉树冠内膛的徒长枝、骨干枝上的背上芽、剪口下的竞争芽及花后枝条上部的芽，对嫩双梢去掉一个留一个，幼树除强梢留弱梢**。通过这种方法可以减少无用的新芽、梢，节省养分，改善光照，并减少冬季修剪时因疏枝而造成伤口的数量。

② 摘心。即**摘除枝条顶端的一小段嫩枝**。通过摘心，可以控制枝条的加长生长，促进枝条下部形成较饱满的花芽。在新梢生长前期，摘心还可以促使早萌芽副梢，这样的副梢可以分化出较饱满的花芽。

③ 对长势不太旺盛的植株，应避免过重修剪，抑强扶弱，并注意使枝条分布均匀，疏密有致，保持通风性好，塑造优美的树形。

二、榆叶梅的花后修剪技术

夏季修剪一般在花谢后的6月份进行，主要是对过长的枝条进行摘心，还要将已开过花的枝条剪短，只留基部的3、4个芽，以使新萌发的枝条接近主干枝，利于植株造形。

修剪要点：

① 在**花凋谢后应及时将残花剪除**，以免其结果，消耗养分，这一项工作常常被疏忽，其实剪除残花是十分必要而且有意义的。

② 6月份进行**定芽，每个枝条上留位置好的芽1～3个**，其余芽均抹去，抹芽不可拖延。

③ **新梢长到50厘米左右时进行摘心**，以控制生长，促进花芽分化。二次枝长到一定长度时可再次摘心。

④ 当树冠已经达到了所需要的大小，**花后短截时，应在前一年的春梢上进行**，以防树冠扩大。

在夏季修剪**碧桃、美人梅**等树木时候可参考榆叶梅花后修剪。

三、绿篱的夏季修剪技术

绿篱经过修剪后不仅整齐美观，而且会生长得健壮茂盛，延长寿命。绿篱的修剪一般在5月上旬至10月下旬之间进行。修剪绿篱时要按由外到内、由上至下的顺序进行。修剪中要求修剪人员明确修剪原则及目的，确定或掌握修剪方案、操作规程、技术规范及特殊要求。

在园林中常用的绿篱植物有黄杨、卫矛、女贞、红叶小檗、侧柏、桧柏等。

绿篱按高度不同分为矮绿篱、中绿篱、自然式绿篱等。

修剪要点：

① **矮篱和中篱**常用于绿地的圈围并引导人流的走向，这类绿篱低矮。为了美观和丰富景观，多采用几何图案式的整形修剪，如

矩形、梯形、倒梯形、篱面波浪形等。**修剪平面和侧面枝，使高度和侧面一致，刺激下部侧芽萌生枝条，形成紧密枝叶绿篱，显示整齐美**。修剪后新枝不断生长，每次留茬高度1厘米。在春、夏、秋季都可根据需要随时进行修剪。修剪应使绿篱及色带轮廓清楚，线条整齐，顶面平整，高度一致，侧面上下垂直或上窄下宽。

矮篱和中篱可修剪成有层次效果。一是修剪成同一高度的单层式绿篱。二是由不同高度的两层组合而成的二层式绿篱。三是二层以上的多层式绿篱。从遮蔽效果来讲，以二层式及多层式为佳，多层式在空间效果上更富于变化。通过刻意修剪能使绿篱的图案美与线条美结合，还能使绿篱不断更新，长久保持生命活力及观赏价值。篱体上窄下宽，有利于地基部侧枝的生长和发育，不会因得不到光照而枯死稀疏。

② **自然式绿篱多用在绿墙、高篱、刺篱和花篱上**。为遮掩而栽种的绿墙或高篱，以阻挡人们的视线为主，这类绿篱**采用自然式修剪**，适当控制高度，并剪去病虫枝、干枯枝，使枝条自然生长，达到枝叶茂盛，以提高遮掩效果。从小到大，多次修剪，线条流畅，按需成型。

③ 目前多**采用绿篱修剪机及绿篱剪手工操作**，要求刀口锋利紧贴篱面，不漏剪少重剪，突出部分多剪，弱长凹陷部分少剪，直线平面处可拉线修剪，造型绿篱按型修剪，顶部多剪，周围少剪。当次修剪后，清除剪下的枝叶，加强肥水管理。

第五节 观果类树木管理及处理技术

观果类植物的果实形状和果实色泽具有较高的观赏价值，挂果后的植物硕果累累、色彩鲜艳、香味浓郁，花后不断成熟的果实为人们提供良好的采摘条件。

一、石榴的冬季修剪

石榴为石榴科，安石榴属。落叶灌木或小乔木，高 2～7 米，枝有刺。单叶对生或簇生，长椭圆状倒披针形，3～6 厘米，全缘。花红色，单生于枝端。浆果球形，径 6～8 厘米。种子多数，具肉质外种皮。初春嫩叶抽绿，婀娜多姿，盛夏繁花似锦，色彩鲜艳，秋季硕果悬挂，孤植或丛植于庭院。

修剪要点：

① 根据石榴树的开花结果特性修剪。石榴树是在结果母枝上抽生结果枝而开花结果，这些结果枝多为春季生长的一次枝或夏季生长的二次枝，或停止生长一次枝头而发育成的健壮短枝。**因此石榴冬剪以疏枝、缓放为主。**

② 幼龄树的修剪。尚未结果或刚开始结果的幼龄树是树形形成的主要时期。根据选用树形，选择培养各级骨干枝，使树冠迅速扩大进入结果期。修剪时，因栽植后的石榴一般是任其自然生长，多在根际呈现丛生萌蘖，如能做到随时除掉萌蘖，可形成多主干自然半圆形的树冠。**幼龄树栽后第 1 年要任其自然生长。第 2 年要选留 2～4 个主干，除掉多余的萌枝**。以后每年进行修剪时，对所留的主干 1 米以下的分枝要注意除掉，使养分集中供于主干以上的树冠需要，同时注意在每个主干上要培养出 3～5 个主枝。要长放，不要短截，使枝干向四周扩展，使树冠自然长成半圆形。

③ 根据石榴生长年限修剪。通过轻重结合、及时调控的修剪，使树势、枝势壮而不衰。**对三年以上开花结果的健壮树，主要疏去主干上的多余萌蘖**，树冠中的过密枝、下垂枝、衰老枝、枯死枝、病虫枝、直立徒长枝，使树冠形成上稀下密、外稀内密、大枝稀、小枝密的合理布局。对三年以下幼树，平斜枝、中庸枝一般缓放不短截，尽量扩大树冠，只对小量的徒长枝和发育枝进行适当短截，以利抽生新枝条、扩大树冠。

④ 对于树龄较大的**衰老树，要进行更新修剪**。

• 适当缩剪部分衰老的主侧枝，促其下部隐芽抽生旺盛枝条并加以培养。

• 在适当部位选留2～3个旺盛的萌蘖或主干上萌发的徒长枝，将其培养成骨干枝取代衰老枝。必须做到更新修剪要逐年进行，若操之过急，一次回缩过多过重，不但达不到更新的目的，反而会加重树体的衰老。

进入冬季注意根部培土，并用保温材料围捆树体，做好树干防寒。

二、山楂的冬季修剪

山楂为蔷薇科、山楂属，落叶灌木或小乔木。果实大形而肉质，可供鲜食，许多种类栽培后供观赏用。

山楂树的修剪中，应按品种特性、环境条件、树势、枝势特点等灵活掌握，不能千篇一律，依树造形，依枝修剪。山楂在进行修剪时，可以选择自然开心形、疏散分层形等。

修剪要点：

① 山楂**幼树时修剪，多为整形修剪**，原则为轻剪多留，树干要低，骨干枝开张角度要大，以充分利用光热资源和空间，合理利用辅养枝，保持树势，确保树冠内良好的通风透光条件。**短剪直立枝、竞争枝。第二年去强留弱或缓放**，中心干延长枝短截，剪口处芽的方向与上一年相反，这样的做法可以矫正幼树的偏斜状况。主、侧枝的延长枝，应短剪留外芽，以开张角度。

② 山楂的**初果期**，要注意通风，保持良好的透光条件，此时需要**对树冠外围新枝进行短剪，加强营养枝的生长**，并且回缩修剪复壮结果枝组。此外还要剪除重叠枝、过密枝、交叉枝以及病虫枝。大枝先端下垂，可进行轻度回缩，选留侧向或斜上分枝。**山楂的结果枝在进行修剪时应剪弱、留强并且去细、留壮**，来调整枝组

的密度。短截枝组内的强壮枝，作预备枝。将徒长枝进行合理的利用，可以通过短截及夏季摘心，将徒长枝培养成结果枝组。

③ **多年的山楂树要以疏剪为主**，疏剪是将枝、梢从基部疏除，主要作用是减少山楂的分枝，促进结果，调节整体和树冠局部的生长势，将病虫枝、枯枝、过密枝剪除，使树冠保持匀称，枝条疏密适宜，利于通风透光。同时采取回缩手法，**在多年生枝条上短截，多用于枝组或干枝更新复壮，或者控制树冠辅养枝**等。回缩时，剪口处必须留有方向适宜的分枝，回缩到后部强壮的分杈处，并利用背上枝带头，以增强生长势。

三、葡萄的夏季修剪技术

葡萄是多年生蔓生藤本果树，在一般情况下，需要攀缘其他物体，因而在葡萄栽培中，有不同的整形方式及修剪方法。葡萄是常见的庭院果树，品种很多。

夏季修剪是在冬季修剪的基础上调节生长和结果，节约养分，改善通风透光条件、控制新梢生长速度、提高产量品质的有效措施。包括除梢、摘心、疏花序、疏果穗、去老叶、去卷须等。

修剪要点：

① 除梢，即抹芽，指除去不必要的幼芽，减少养分消耗。**除梢时间早些较好，在芽萌动后即可开始进行**。由于芽的萌发时间有先后顺序，**除梢操作应进行 2～3 次**，按芽的不同着生部位分别进行处理。多年生主、侧蔓及近地面所萌发的潜伏芽，多数没有花序，除用于更新修剪或填补空间外，应一律及早摘除。

② 结果枝摘心。在开花前几天将结果枝顶端摘心，使养分流向花序，减缓新梢生长，提高坐果率。**大多数品种从花前 3～4 天开始至初花期摘心为宜。落果重、坐果差的品种在初花期摘心效果最好**。摘心的程度，应据结果枝的长势强弱，在花序上部留 3～5 片叶摘心，使每个结果枝上留 8～10 片叶，摘心时抹除花序以下部

位萌发的副梢。营养枝一般在结果枝开花后留 10～12 片叶摘心，主蔓的延长蔓在 8 月中旬留 15～20 片叶摘心，同时，再将其余所有新梢全部摘心一遍。

③ 疏花序、掐花尖。适当疏去过多或发育较小的花序，疏除预备枝上的花序，可节约营养，提高产量。**对花序大、双穗率高的品种，健壮果枝留 2 穗果，一般留 1 穗果，弱枝不留果**。其他果穗多的品种，可将枝条前部的小花序去掉。

掐花尖是在花前 1 周将花序顶端用手指掐去其全长的 1/5～1/4。花序上花蕾数减少，可使果穗紧凑，果粒大小整齐，还减轻落果。

④ 除卷须、绑蔓。卷须消耗营养，结合夏剪去掉。**新梢长到 40 厘米左右时，须绑到架面上**。绑蔓时应使新梢分布均匀，不要交叉。架面上可绑缚 40%左右的新梢，其余直立。

⑤ 剪梢。在 7～8 月间，如果**新梢生长过长、叶片过多，可将顶端剪掉 30 厘米左右**，改善通风透光条件，减轻病害。同时对损伤、病虫侵害的叶片要剪除。

⑥ 断浮根。**每年在 7～8 月间，扒开埋住的接穗部分，将接穗上发出的根从基部剪除**，晒两天再培土。如不及时断根，将失去嫁接的抗寒作用。

四、北美海棠的冬季修剪技术

北美海棠为蔷薇科、苹果属，其花色、叶色、果色丰富，极具观赏价值。北美海棠花期在四月上旬，花色红艳，团团锦簇。入秋后满树红果累累，经过风霜后晶莹剔透，是秋冬季的观果佳品，为绿地景色增添无限生机。北美海棠是集观花、观果为一体的观赏树种，观赏期持续全年。

北美海棠的修剪是养护的一项重点工作，修剪不当易导致北美海棠苗木生长衰弱，树形不美，花少或观赏效果不佳。重树形美观保证其能正常生长，使其具有较优美的树形，利于观赏，这是苗木修剪的基本原则。

修剪要点：

① 北美海棠的修剪是按照树势与枝势来确定的。**在休眠期修剪**，一般树体养分损失较少，而且还可使积累在根部和粗大枝干中的贮藏养分更加集中于有用的枝条，这样**有利于强化树势和改善根系的功能，所以冬剪程度可根据实际情况的需要适当加重**。生长期的春、夏、秋剪，则对根系生长和树冠扩大均有抑制削弱作用，其修剪量则应从轻，不宜一次性过多地剪截和回缩那些需要逐步进行改造的枝干和枝组。北美海棠衰弱枝梢生长无力，则需适当重剪，诱发中、长枝而恢复树势。

② **修剪时应当保持内高外低、内疏外密的状态**。内高外低不仅美观大方，而且还可使所有枝条都能均匀接受光照；内疏外密可以增加通透性，使植株健康成长，不致造成窝风。

③ 修剪时还应注意**将过密枝、病虫枝、交叉枝疏除掉**。要注意开花枝的更新，在实际工作中，存在一些错误倾向，一种是认为北美海棠是老枝开花，对所有新生枝条都应予以疏除。北美海棠老枝开花是正确的，但一味将新生枝条疏除的做法就不对了，因为每种植物都是有寿命的，而北美海棠的开花枝也不是越老越好，而是3～5龄的枝条开花量最多。因此，不能一味保留老枝，疏除新枝。正确的方法是**逐年更新开花枝，使植株始终保持盛花状态，更新开花枝一般一年2～3枝**，多余的新生枝条可以疏除。

五、山杏的冬季修剪技术

山杏为蔷薇科、杏属，其用途广泛，可绿化荒山、保持水土，也可以作为园林植物，早春可以观花，挂果后观果。

修剪要点：

① 在修剪山杏树时要选留和培养好的主枝和侧枝。**可根据短**

枝少去、长枝多去的原则进行处理，对各类枝条进行适当修剪利于扩大树冠和整形。**过密枝条要适当疏除**。小枝可以不剪，以便形成花芽，提早结果，对主枝延长枝，一般以剪去当年生长量的1/3，同时保持各主枝间的均衡生长。

② 山杏树枝头附近、枝条拐弯处或平直伸展的枝上，常易发**生直立生长的强枝条，要及时加以处理**，以免影响骨干枝的生长发育。**结果枝或长势中庸的枝条过多或位置不当时，也要适当疏除**，使其稀密适中、分布均匀、互不干扰，利于通风透光。

③ 要根据具体情况在结果的同时继续完成树冠的整形工作，**树冠形成后重点以均衡树势和调整主、侧枝的长势为主**，同时利用抚养枝结果，并注意培养枝组。

④ 随着杏树的生长和树龄的增加，树冠内枝条逐渐出现过密的情形，表现为新梢生长量减弱，细弱的枝条较多，不易形成花芽。此时要利用杏树的潜伏芽寿命较长、伤口容易愈合的习性，及时**进行更新修剪，可做回缩修剪**。根据树体或枝条的衰弱程度，确定更新部位和强度。一般在主枝或侧枝衰弱时要回缩外围枝并对中部的枝组和辅养枝进行较重的回缩修剪，待刺激潜伏芽萌发后，选留健壮枝条培养成新的带头枝以恢复骨干枝长势或培养成新的结果枝组。

第六节 养护工作技术

园林树木的养护管理工作在绿化工作中占据十分重要的地位，应根据园林植物的生长习性对树木采取有效的管理工作。

一、根部施肥技术

根部施肥是通过在树木根部一定距离开土沟施肥埋土或随树木

灌水施肥使根部吸收的一种施肥方法，其优点是近根部，肥效缓释持久。下面以雪松为例介绍根部施肥的方法。

雪松是松科、雪松属。雪松树体高大，树形优美，是世界著名的观赏树种之一。其主干下部的大枝自近地面处平展，长年不枯，能形成繁茂雄伟的树冠。

雪松生长的每一天都需要一定的水分和养分，只有适时地给雪松补充肥料和水分，雪松才能茁壮生长。雪松施肥要把握住最佳的施肥时机，只有这样才能达到良好的施肥效果。

技术要点：

① 施萌芽肥。作为刚刚萌芽的雪松应该施有机肥，采取根施法，**刚刚萌芽的雪松应该多施些氮肥、钾肥**，这样才能保证芽壮，芽多，多发壮枝，为新一年的生长打好基础。这个时节的施肥对于雪松的生长最为重要，因为经历了一个冬天的休眠期，雪松本身的养分基本消耗尽，其本身积累的养分已不足以保证雪松的正常生长，此时施适量的氮肥、钾肥对于雪松一年的生长非常重要。

② 施花前肥。雪松开花需要消耗大量的养分，如果肥分供应不足，往往会造成花茎小、花期短或花器官发育不良等诸多弊端，应及时追肥。**花前肥以磷肥为主结合钾肥施用**，磷是成花所需要的重要元素。例如补充磷肥可以用0.2%～0.3%的磷酸二氢钾或过磷酸钙。

③ 秋季生长停滞期忌施大肥。**秋季停长前应不施肥不浇水**，这样才能保证新梢及时停止生长，保证花木细胞液浓度较高，组织充实，提高抗寒性，为冬眠做准备。此时如施大量氮肥，会促使新梢继续生长，造成组织疏松而易受冻。入秋后呼吸作用与蒸腾作用十分微弱，根部吸收能力弱，如果施大肥，土壤溶液的浓度太高，容易造成根系盐分中毒或由于渗透压的原理造成花木水分倒流入土壤，造成花木生理干旱致死。

二、叶面施肥技术

叶面施肥是根据植物生长需要将各种速效肥水溶液，喷洒在叶片、枝体及果实上的追肥方法，是一种临时性的辅助追肥措施。叶面喷施肥料可以在其他施肥方式不允许的情况下和一些特定的情况下及时为植物补充所需的养分。每次喷肥最好喷施所需尽量多的肥料品种，这样既能全面补充营养，又能节省工时。

植物主要是通过根系吸收养分，但也可通过叶片吸收少量养分，一般不超过植物吸收养分总量的5%。**叶片吸收的肥料应是完全水溶性的**，喷施浓度也要受到一定的限制。肥料的喷施浓度一般不得超过0.5%。但硝酸钾肥料的喷施浓度可以达到1%，甚至更高，因为硝酸钾中氮钾比为1∶3，这恰好是植物吸收这两种元素的最佳比例。

叶面喷施肥料应当在清晨或傍晚进行。这样可以避免烧叶、烧苗。养分可以与农药一起喷施，尤其是硝酸钾，和大多数农药混合喷用可以提高农药的药效。但在初次混用还没有经验时，应先在小容器中按比例混配，然后喷施在少数几株作物上，待1～2天不出现药害时才能大面积施用。

技术要点：

叶面施肥，要做到科学合理，避免浪费和引起肥害，具体在操作上要注意以下几点。

① 叶面肥料品种要适宜。肥料种类很多，有的肥料适合叶面喷施，有的肥料不适合叶面喷施。**适合叶面喷施的肥料主要由尿素、磷酸二氢钾、过磷酸钙、硫酸钾、微量元素肥、成品优质叶面肥绿农素等**。不适合叶面喷施的肥料，包括含有氯离子的肥料，易挥发及难溶性肥料氯化铵、碳酸氢铵等。

② 叶面肥喷施浓度要适当。叶面施肥用不同的肥料喷施的浓度不同，用背负式喷雾器喷施叶面肥最佳的浓度，尿素为1%～

2%，磷酸二氢钾 0.3%～0.5%，过磷酸钙 2%～4%，硫酸钾 1%～2%。

③ 肥液在喷施之前要搅拌均匀，喷施到作物植株上时要均匀。肥液要完全溶解在水中。如施用过磷酸钙时，应先用热水冲泡搅拌使其溶解，24 小时后取上层清液按比例加入清水，肥液配制好后应及时喷施，防止久置产生沉淀影响叶面施肥效果。喷施植株时候要雾滴细小，喷施均匀，叶面正面和背面都要喷，不要漏喷，不要重复喷，以免造成肥害。

④ 要有针对性地喷施叶面肥。进行叶面施肥时，要根据植物缺素情况，本着缺什么元素补什么元素的原则来喷施叶面肥，尽可能做到喷施的肥料营养要全面合理，使植株均衡接受各种营养元素。植株**瘦弱发黄，缺氮肥**。植株长势一般，叶面施肥应喷施氮、磷混合液。植株**长势嫩绿，叶面施肥应喷施磷、钾肥混合液**。

⑤ 喷施叶面肥时，**可以和农药混合喷施**。肥、药混合喷施既可防治病虫害，又能达到施肥的目的，但要注意一般的叶面肥不能与碱性农药混合喷施。

⑥ 掌握好叶面施肥的时间，应**在作物生长需肥高峰期和关键时期喷施叶面肥**，这时叶面施肥作物吸收营养速度快，补肥效果好，这个时期正是从叶面施肥的最佳时期。叶面肥中含有调节植物生长的物质，如生长素、激素等成分，主要功能是调控作物的生长发育。适于在植物生长前期、中期使用。叶面施肥在比较潮湿的天气进行为最好，晴天要在上午 10 点前或下午 3 点后喷施。

⑦ 喷施叶面肥数量要充足。叶面施肥具体用量要根据植物种类及植物生长发育期来确定，喷施总的要求要**以肥液喷到叶面上快要流下为好**。作物叶面施肥的浓度一般都较低，每次的吸收量也很少，与作物的需求量相比要低得多。因此，**叶面施肥的次数一般不应少于两次**。在喷施含调节剂的叶面肥时，要有间隔，间隔期至少 7 天。

三、树干注射技术

树干注射施药：将植物所需杀虫、杀菌、杀螨、微肥和植物生长调节剂等的药液强行注入树体，使植物满足治虫防病、对某些微量元素的需求，达到促进生产、增加产量、提高品质、调控生长的目的。它不受降雨、干旱等环境条件和树木高度、危害部位等的限制，施药剂量精确，药液利用率高不污染环境。选用合理的注射方法、优良的注药机械、恰当的注射药物、正确的注药时机和注药量是保证病虫害防治或缺素症矫治等达到预期效果的关键。通过向树干内注入药剂可防治病虫害、矫治缺素症、调节植株或种实生长发育，是一种新的化学施药技术。

注射施药技术的原理：树干注射施药技术就是利用树木自身的物质传输扩散能力，用强制的办法把药液快速送到树木木质部，使之随蒸腾流或同化流迅速、均匀地分布到树体各部位。

树干注射施药技术的应用：运用树干注射施药技术防治林木果树病虫害、矫治缺素症、调节生长发育，必须掌握好施药器械、农药选用、配制、施药适期、注射位和注射量等技术关键。

注射液配制首先要根据树木和病虫耐药性决定合适浓度。可通过当地的防治试验和农药标签规定用量决定。一般对林木病虫害防治可取15%～20%的有效浓度，对果树可取10%～15%的有效浓度。其次配制时要用冷开水。树干部病虫害严重地区在配制药液时应加防霉宝等杀毒剂，以防伤口被病菌感染。药液应做到随配随用不可长时间放置，以防药效降低。因药液浓度高，在配药操作时应注意安全保护。

技术要点：

1. 注射部位和注药

树干注射一般可在树木胸高以下任何部位自由注射。注药孔数

根据树木胸径大小，一般胸径小于10厘米者一个孔，11～25厘米者对面两个孔，26～40厘米者等分三个孔，大于40厘米者等分四个孔以上。注射孔深也应根据果树的大小和皮层厚薄而定，其最适孔深是针头出药孔位于二三年生新生木质部处，要特别注意不可过浅，以防将药液注入树皮下，达不到施药效果。每孔注药量应根据药液效力、浓度、树木大小等而定。一般农药可掌握每10厘米胸径用100%原药1～3毫升标准，按所配药液浓度和计划注药孔数计算决定每孔注药量。

2. 农药注射

① 农药选用。一般要求选用内吸性农药。在林木病虫害防治中，可选用药效期长的呋喃丹、涕灭威、久效磷等药。在果树病虫害防治中应选用药效期短，低毒或向花、果输送少的扑虱灵、磷胺、多菌灵等药，不可使用在果树上禁用的高残留剧毒农药，在防治根部病虫害时应选择双向传导作用强的苯线磷等药。即要根据防治对象和农药传导作用特性综合考虑所用农药品种。此外，**剂型选用以水剂最佳**，原药次之，乳油必须是国家批准的合格产品，不合格产品往往因有害杂质过高而使注射部位愈合快，甚至发生药害。

② 施药时期。根据防治对象，**一般食叶害虫在其孵化初期注药**，蚜螨等爆发性害虫在其大发生前注药，光肩星天牛、黄斑天牛等分别在其幼虫初龄、1～3龄期和成虫羽化期注药。此外，果树上必须严格根据所施农药残效期安全间隔施药，至少在距采果期60天内不得注药。

③ 微肥注射。首先要根据营养诊断确定所缺微量元素种类做到**对症施药**。其次要根据树木生理特征要求**合理调整注射液pH值**。所用注射物必须充分溶解并过滤后使用澄清液。

3. 树干注射的方法

① 高压注射法用柱塞泵或活塞泵原理采用专用高压树干注射

机，将植物所需杀虫、杀菌、杀螨、微肥和生长调节剂等的药液强行注入树体。

② 打孔注药法：用钉或小动力打孔机在树干基部 20 厘米以下打 0.5～0.8 厘米的小孔 1～5 个（视树木胸径大小而定），深达木质部 3～5 厘米，孔向下 30°。用滴管、兽用注射器或专用定量注射枪缓慢注入农药，任其自然渗入。

③ 挂液瓶导输：从春季树液流动至冬季树木休眠前，采用在树干上吊挂装有药液的药瓶（图 1-5），用棉绳或棉花芯把瓶中药液通过输导的办法引注到树干上已钻好的小洞中或把针头插入树体的韧皮部与木质部之间，利用药液自上而下流动的压力，把药液徐徐注入树体内。然后药液经树干的导管输送到枝叶上，从而达到防治病虫的目的。采用此法时必须注意不能使用树木敏感的农药，以免造成药害。瓶输液需钻输液洞孔 2～4 个。输液洞孔的水平分布要均匀，垂直分布要相互错开。瓶中药液根据需要随时进行增补，一旦达到防治目标时应撤除药具。果实在采收前 40～50 天停止用药，避免残留。

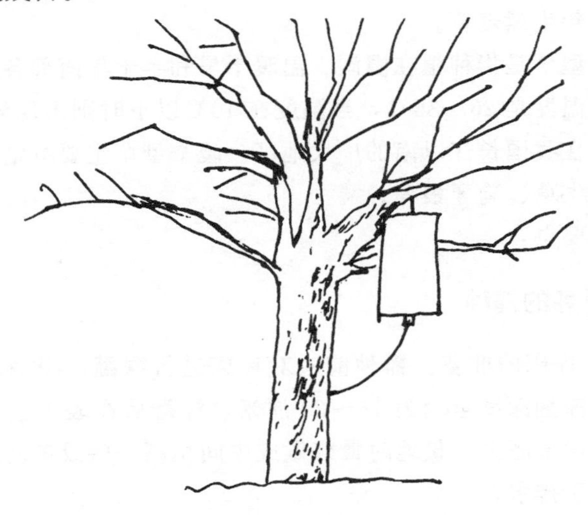

图 1-5 挂液瓶

④ 喷雾器压输：将喷雾器装好配液，喷管头安装锥形空心插头，并把它插紧于输液洞孔中，拉动手柄打气加压，打开开关即可输液，当手柄打气费力时即可停止输液，并封好孔口。

第七节 园林工作中其他技术性工作

一、草坪的播种、栽植与管理技术

草坪四季常绿，质地较均匀，抗热性和抗病性强，耐粗放管理，土壤适应性强，可用作绿化草坪、足球场和广场草坪。

根据草坪对环境条件的要求来选择合适的草种。草种大体可分为冷季型草和暖季型草。冷季型草是指种植在北方冷湿、冷干旱和半干旱地，在15～25℃下生长最好的草坪草。**我国在草坪生产上常用的有7个草种：匍匐剪股颖、细弱剪股颖、草地早熟禾、早熟禾、细羊茅、高羊茅和多年生黑麦草**。其中主要是草地早熟禾、高羊茅和多年生黑麦草。

暖季型草是指种植在温湿、温暖干旱和半干旱南部各地，最适合的生长温度是26～35℃，当温度在10℃以下时则出现休眠状态。主要分布在我国长江以南的广大地区。暖季型草主要有结缕草、假俭草、野牛草、狗牙根等。

技术要点：

1. 草坪的播种

① 草坪床的准备。播种前应对坪床进行深翻，深翻后进行土壤改良。深翻深度至少为15～20厘米，深翻后在表土上层拌施有机肥，以增加肥力。整地时最好做成中间稍高一些或单向倾斜的形式，以利于排水。

② 播种在4～9月均可，北京地区最佳时间是4月10～25日，

8 月 20 日至 9 月 20 日，一般秋季播种最佳，可以通过草坪正常出苗来控制杂草的生长，减少杂草的危害。

品种选择：一般草坪在建坪时，应用不同的草种混合播种或用同一草种的不同品种混合播种，而不提倡单独播种单一的品种。**一般配合比例 2/3 草地早熟禾加上 1/3 高羊茅，2/3 草地早熟禾加上 1/3 黑麦草或不同品种的草地早熟禾混播。**

播种前，应测量坪床面积以确定播种量，单播一个品种的播量为早熟禾 10～12 克/平方米，黑麦草 30～40 克/平方米。混播时以此量计算，然后充分混匀播种。种子撒在表土防止过深，然后用混土器进行混土，深度在 0.5 厘米左右。使种子分布均匀撒播，撒播后覆土，也可用钉耙轻轻耙动表土，使种子与土壤充分混合，随后适当镇压。播种后连续喷水，保持土面湿润，切不可大水漫灌，避免积水，黑麦草 5～7 天即可出苗，早熟禾需要 10 天左右。

2. 草坪的栽植

冷季型草坪建植方法很多，如平铺、分栽。平铺草坪效果好、见效快。

① 品种选择。选择当年生生长健壮、密度适合、生长均匀、覆盖率高、色泽好、高度整齐一致、适宜建植地生长的草坪品种。

② 坪床准备。坪床要深翻 20～30 厘米，除去土中的砖石瓦砾，过筛表土，然后坑洼处填平，平整地块。坪地应有一定坡度，以利于草坪排水。进行施肥和灌溉。为便于管理，还可设置喷灌。

③ 起草皮注意事项。起草前 7～10 天喷药一次，以免将病虫带入建植区内蔓延，造成大片死亡。为提高铺植后草坪草生根力，提早返青，起草前 10 天施薄肥一次。为便于成卷，利于成活，起草前二三天喷水一次，这样草坪吸足水分，不会因长途运输而失水。起草时，草皮太薄，根系损伤大，恢复生长慢；若太厚，不便于运输与铺设，不利于后期管理，一般厚度掌握在 4 厘米左右。

④ 草坪铺植。**草坪铺植时，随起随铺，不要长时间存放或过**

夜。铺植时将草皮牢牢压紧压实，压入坪床，与土壤密接，很易成活。相连的草皮，两头应紧密衔接，不留空隙。铺植时发现坪床凹凸不平，随时找平，以利修剪与喷灌。铺后立即灌水，促进新根生长。

⑤ 草坪栽植一般为**分栽法**，最佳栽植期是早春草坪返青时。草皮掘起后，将草根进行小块状分离，并按一定距离穴栽或条栽均可，**每平方米栽植 0.3 平方米的草坪，栽后要进行镇压，并充分灌水**，栽植后的草地三个月后即可覆盖地面。

3. 草坪的管理技术

① 修剪：草坪的修剪应根据不同草种的习性和观赏效果，进行**定期修剪**，使草的高度一致，边缘整齐。

草坪的高度以草种、季节、环境等因素有关，**一次修剪高度不大于草高的 1/3**。

草坪植物的修剪次数依据不同的草种、不同的管理水平和不同的环境条件来确定。

冷季型草要定期及时修剪，使草坪高度保持在 6～10 厘米。

野牛草全年修剪不少于 3 次，自 5 月到 9 月，最后一次修剪在 9 月上旬之前。

苔草、麦冬基本上可以不修剪，为提高观赏效果一年可修剪 2～3次。

修剪前应清除草坪上的石子、瓦砾、树枝等杂物。

修剪时修剪机具的刀片应锋利，防止撕裂茎叶，并且在修剪前对刀片进行消毒。

修剪前草坪应保持干爽，阴雨天不宜修剪。

同一草坪，应避免多次在同一行列、同一方向修剪。

修剪前 24 小时不宜浇水，修剪完后次日方可浇水。

修剪应避免在正午阳光直射下进行。修剪后的草坪屑要及时清理。

② 灌水与排涝：

• 除土壤封冻期外，人工草坪应适时进行浇灌，**每次要浇足浇透，浇水深度不低于20厘米，雨季应注意排水**，干热天气尤其是冷季型草应适当喷水降温保护草坪。11月下旬至12月上旬上冻前要浇足浇透冻水。

• **不应使用撒过融雪剂的积雪补充草坪水分。**

③ 施肥：

• 应少量多次，**以缓效肥为宜**。根据不同的草坪草种类、生长状况和土壤状况确定施肥时间、施肥种类和施肥量。

• 冷季型草返青前宜施约50～150克/平方米的以氮为主的复合肥，或10克/平方米的尿素。生长季视草情，可适当增施磷钾肥。晚秋宜施1～2次10克/平方米的以磷钾为主的复合肥。

• 暖季型草宜于5月中下旬施1次10克/平方米的尿素。

• 宜在修剪3天后进行，施肥均匀，撒施后要及时浇水。

④ 除杂草及补植：

• 人工建植的草坪要及时清除杂草，保持草坪纯度。使用除草剂必须慎重。

• 对被破坏或因其他原因引起死亡的草坪应及时更换补植，使草坪保持完整，无裸露地面，做到黄土不露天。

• **补植时应补种与原草坪相同的草种，适当密植。**

⑤ 打孔与疏草：

三年以上的草坪每年适时进行打孔，清除打出的心土、草根，并撒入营养土或沙子。**每年生长季节疏草2～3次。**

⑥ 病虫害防治注意事项：

• 应按照“预防为主、科学防控”的原则，做到安全、经济、及时、有效。

• 采用化学防治时，应**选择环保要求的低毒农药**，应交替使用不同的药剂，减少喷药次数。

• 应按照农药说明书进行作业，**喷洒药剂时要避开人流活动**

高峰期和夏季高温时段。

• 草坪病虫害以冷季型草最为严重，**化学防治应在5月初开始**，此后根据病虫害发生情况及时防治。

⑦ 常见病虫害：

• 锈病：主要危害叶片、叶鞘或茎秆，**在感病部位生成黄色至铁锈色的夏孢子堆和黑色的冬孢子堆，被锈病侵染的草坪远看是黄色的**。危害早熟禾、多年生黑麦草、匍匐剪股颖、结缕草等，施用三唑类杀菌剂特效药防治。增施磷钾肥，适量氮肥。

• 白粉病：**侵染的草皮呈现灰白色，后变成污灰色、灰褐色**，后期在霉层中生出棕色到黑色的小粒，随病情的发展，叶片变黄，萎缩死亡。危害早熟禾、细羊茅、狗牙根，施用25%多菌灵500倍液，70%甲基布托津1000～1500倍液，50%退菌特1000倍液防治。

• 黑粉病：**草叶变浅黄色，叶片逐渐卷曲并沿叶片长度出现平行的黑色条纹**。危害早熟禾、匍匐剪股颖，施用三唑酮或多菌灵防治。

• 叶枯病：叶片和叶鞘上出现水浸状椭圆形小病斑，继而病斑变褐色，**周边叶组织变黄色，病斑逐步增大，大量死叶，使草坪稀薄，草地上形成不规则形的枯草斑**。危害早熟禾、细羊茅、黑麦草、狗牙根，施用代森锰锌、福美双等药剂防治。

• 腐霉枯萎病：**在高温高湿条件下，发病时出现直径15厘米圆状斑或伸长的条纹**，菌丝体灰白色，呈絮状生长，当草茎干燥时，菌丝体消失，草叶枯萎，变成绿红色。危害冷季型草种及狗牙根等，施用甲霜灵与百维灵或甲霜灵与乙磷铝药剂对半混合使用。

二、大树截干更新修剪及锯大枝技术

大树截干：对一些无主轴的落叶乔木如柳树、国槐、元宝枫、栾树、悬铃木等更新时的应用。如发现树冠病虫害严重并已经衰老，或因其他损伤已无良好的树形及长势，但树木的根系及主干仍很健壮，长势较强，容易抽出新枝，这时可将树冠自分枝点以上全部截除，使之重发新枝，达到树木更新的效果。**在行道树截干中，截干后分枝点高度要一致，可形成统一的景观效果。**

树木锯大枝技术：锯除树木的大枝可以减轻树木根系的负担，维持树体的水分平衡，同时也可以减轻树冠招风造成的树体摇晃不稳和枝杈折断，增强苗木的稳定性。

锯截大枝对于比较粗大的枝干，进行短截或疏枝时，多用锯进行。须注意以下几个问题。

① 锯口应平齐，为避免锯口劈裂，可先在确定锯口位置稍向枝基处由枝下方向上锯一切口，切口的深度为枝干粗的1/5～1/3，枝干越成水平方向切口就越应深一些，然后再由锯口从上向下锯断，就可以**防止枝条劈裂**。也可分二次锯，先确定锯口外侧15～20厘米处按上法锯断，再在锯口处下锯。留下一条残桩，然后从锯口处锯除残桩，可避免枝干劈裂。对常绿针叶树如松等，锯除大枝时，应留1～2厘米短桩。

② 在建筑及架空线附近，截除大枝时，应先用绳索，将被截大枝捆吊在其他生长牢固的枝干上，待截断后慢慢松绳放下，以免砸伤行人、建筑物及保留的枝干。

③ 基部突然加粗的大枝，锯口不要与着生枝平齐，而应稍向外斜，以免锯口过大。

④ 在锯除树木枝干时**锯口一定要平整，较大的截口应抹防腐剂保护**，以防水分蒸发或病虫侵蚀及滋生。用20%的硫酸铜溶液来消毒，起防腐防干和促进愈合的作用。

⑤ 在修剪中工具应保持锋利，上树机械和折梯使用前应查各个部件是否灵活，有无松动，防止事故的发生。**上树操作时系好安全绳**。在高压线附近作业时要特别注意安全，必要时请供电部门配

合。行道树修剪时有专人维护现场以防锯落大枝砸伤过往行人和车辆。

三、牡丹的繁殖、栽培与修剪技术

牡丹为毛茛科、芍药属。在我国栽培历史悠久，每年花期在4～5月份，花多重瓣，朵大色艳。牡丹不仅是名贵的观赏花木，而且也具有较高的经济价值。

1. 牡丹的繁殖

牡丹的繁殖，可以采用分株、嫁接、扦插、压条、播种等方法，多采用分株、嫁接、播种。

（1）分株法　此方法简便易行，成活率高，苗木生长旺盛，分株后的植株开花较早，分株可以保持品种的优良特性，但繁殖系统较低。

分株主要在秋季进行。先把**4～5年生品种纯正的、生长健壮的母株挖出**，去掉附土，放阴凉处晾置2～3天，根据苗木枝、芽与根系的结构，**顺其自然生长纹理，用手掰开**。分株多少应视母株丛大小、根系多少而定，待根变软时一般可分成2～4株。为避免病菌侵染，伤口可用1%硫酸铜或400倍多菌灵浸泡，消毒杀菌。

（2）播种繁殖　播种应**选用当年生种子，牡丹种子在8月上旬成熟后及时采收**。放置室内阴干，让种子在果壳内完成成熟过程，数天后种子变成黑色，此时把种子收集起来，拌入湿沙，装入容器，进行催芽处理。**播种牡丹5～6年才开花，此法一般只在培育新品种时采用**。

播种用的苗床要求土壤肥沃、排水良好。播种前应施足基肥，深翻耙平，然后把苗床做成宽1～2米、长5～6米的播种畦，畦内按20厘米的行距用锄头挖出深5厘米左右的沟槽，沟内放沙，每隔5厘米点播种子，种子上面覆土，与地面平齐。播种后用小水浸灌。当年播种的牡丹，秋季只是长根，不发芽，第二年春季小苗长出。

(3) 嫁接繁殖　嫁接繁殖有枝接法、芽接法和根接法。

① 枝接法。根据嫁接部位的不同，又可分为土接和腹接两种。

• 土接法。嫁接时间以秋分前后为宜。**以实生牡丹为砧木，在离地面5厘米左右截去上部**。在基部腋芽两侧削长约3厘米的楔形斜面，再削平砧木切口，**劈开砧木深约3厘米，将接穗插入砧木，然后培土盖住接穗，保护越冬**。

• 腹接法。时间在7月中旬至8月中旬，**用牡丹作砧木，选用优良品种植株上健壮的萌蘖枝作接穗**。接芽成活后，将砧木上的腋芽全部掰去，保持接穗的绝对优势。至其愈合牢固，再解除砧木上绑扎的薄膜，剪去残桩和下部砧芽，同时增施肥料，促进生长。

② 芽接法。芽接时**从4月下旬到8月中旬进行**，枝条韧皮部能剥离的期间内均可进行，以5月上旬至7月上旬成活率最高，**砧木采用实生牡丹**。接穗选用当年生枝条上充实饱满的芽，若4～5月份生长旺盛，韧皮部易剥离时芽接，也可选用2～3年生枝上的芽作接穗。

③ 根接法。即将**砧木掘出放阴凉通风处，待变软后进行嫁接。根接时间从8月下旬至10月下旬进行，以9月份最宜**。砧木可用芍药根或牡丹根，选生长充实、附生须根较多、无病虫害、长25厘米左右、直径1.5～2厘米的根系，晾2～3天，使之失水变软，再进行操作。**接穗多选用生长健壮、无病虫害的当年生萌蘖新枝，长5～10厘米即可**。如果接穗不足时，枝干上的当年生枝也可采用，接穗要随采随用。根接采用嵌接法，先在接穗基部腋芽两侧，削长约2厘米的楔形斜面，再将砧木上口削平，选一平整光滑的纵侧面，用刀切开，切口略长于接穗削面，深度达砧木中心，以含下

接穗削面为宜。砧、穗削面要平整、清洁，然后将接穗自上而下插入切口中，使砧木与接穗的形成层对准，用麻绳扎紧，接口处涂以泥浆或液体石蜡，即可栽植或假植。

④ 压条法。因压条部位不同可分地面压条和空中压条。

- 地面压条。**压条时间一般在5月底6月初花期后，选健壮的2～3年生枝向下压倒，在当年生枝与多年生枝交接处刻伤后压入土中**，并用石块等物压住固定，经常保持土壤湿润，促使萌生新根。若在老枝未压入土的部分也进行刻伤，使枝条呈将断未断状态，则更有利于促发新根。到第二年入冬前须根增多时，即可剪离母体成为新的植株。

- 空中压条。时间以牡丹**花期后10天左右枝条半木质化时进行**成活率最高。

2. 牡丹的栽培

牡丹具有广泛的生态适应性，因此栽植容易，管理简便。

牡丹喜凉怕热，喜干怕湿，喜阳略耐半阴，具有发达的肉质深根，因此种植区域选择地势高一些，排水好，宽敞通风，并伴有侧方遮阴，土层深厚、疏松、肥沃、排水良好的地方。已经栽植过牡丹的重茬地应轮作1～2年后再进行种植。

秋季是栽植牡丹的最佳时期，具体时间以9月下旬至10月下旬为宜，在此时间内又以早栽为好，早栽地温高，可促使分株苗早发新芽，有利于成活、越冬。

栽植通常与分株繁殖同时进行，使根系均匀分布，自然舒展，不可卷曲在一起，栽植深度应使根颈与土面平齐，不可过深或过浅。**覆土时分层填土，层层踏实，然后浇水。**

浇水要以既保持土壤湿润，又不可过湿，更不能积水为原则。一般刚刚栽植的苗木要浇透水，入冬之前要浇透水，其他时间因地因生长阶段酌情浇水。

牡丹喜肥水，适时适量施肥不仅能够促使开花茂盛，而且花大艳丽，花型丰满，还可以防止减弱开花大小年以及花型退化等现象发生。

3. 牡丹的修剪技术

应当及时除去繁枝赘芽、枯枝、病虫枝，维持地上部分与地下部分的动态平衡，保持植株有均衡适量的枝条和美观的株形，使其通风透光，养分集中，才能生长旺盛，开花繁茂一致。

技术要点：

（1）选留枝干　牡丹定植后，第一年任其生长，可在根颈外萌发出许多新芽。**第二年春天，待新芽长至 10 厘米左右时，可从中挑选几个生长健壮、充实、分布均匀的保留下，作为主要枝干，其他全部除掉**（图 1-6）。以后每年或隔年断续选留 1～2 个新芽作为枝干培养，以使植株逐年扩大和丰满。

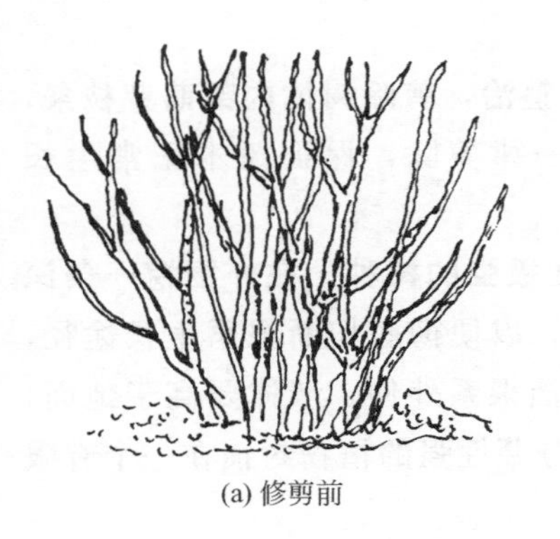

(a) 修剪前

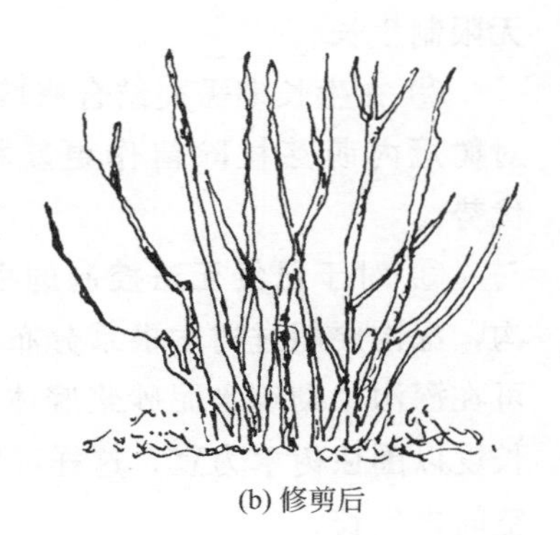

(b) 修剪后

图 1-6　牡丹修剪

（2）酌情利用新芽　为使牡丹花大艳丽，结合修剪进行疏芽、抹芽工作，使每枝上保留 1 个芽，其余的芽除掉，并将老枝干上发出的不定芽全部清除，以使养分集中，开花大。**每枝上所保留的芽应以充实健壮为最佳**。有些品种生长势强，发枝力强且成花率高，每枝上常有1～3个芽，均可萌发成枝并正常开花，对于这些品种每枝上可适当多留些芽，以便增加着花量和适当延长花期。而一些长势弱、发枝力弱并且成花率低的品种则应坚持1枝留1芽的修剪措施。

四、根蘖性极强树种的栽培管理技术

一些植物的根部可以出现分蘖，向周边土壤扩散而后无性生殖出多个新生个体。从根上长出不定芽伸出地面而形成的小植株，如椿树、槭树、枣、刺槐、悬钩子属都有这类特性。根蘖性植物无性繁殖能力强，如果超过设计需要的范围不予控制，便会造成过度蔓延的状况。

技术要点：

① **切除多余根蘖，防止根蘖长大与主干产生竞争**，要确保主干的正常生长空间，在生长季节中要随时切除根蘖，绝不能让根蘖无限制生长。

② 在生长期需要结合修剪进行整治，**剪除树体内部萌芽枝条**，对树冠内萌芽枝除留作更新枝外一律剪除，保证树木正常生长优势。

③ 对于**已经无法控制的根蘖性极强的树种，在外围挖一条**深沟，深沟要超过树木根系分布深度，以便彻底切断根系生长途径，可在深沟中砌筑水泥砂浆墙体，阻挡根系外伸。墙体要高于地面，长度以围住树木为宜，这样可以把分蘖性强的植物封锁在一个有限空间内生长。

五、观赏树木短日照处理技术

短日照植物是指给予比临界暗期长的连续黑暗下的光周期时，花芽才能形成或促进花芽形成的植物。在自然界中，在日照比较短的季节里，花芽才能分化的植物，例如菊花、一品红、三角梅等，都是属于短日照植物。

短日照植物在短日照下开花，**在日照长的季节，进行遮光短日照处理，能促进开花**。秋天开花的花卉多为短日照性植物。

如**菊花**一般在十月下旬正常开花，为了在国庆节前后开花，**可在7月中旬开始进行短日照处理**，每天下午5点到次日早8点放在黑塑料、黑布或者草帘下等遮暗一定时间，使其有一个较长的暗期，可促使其开花。一品红40天左右即可开花，菊花50～70天即可开花。**短日照处理前，枝条应有一定的长度，并停止施氮肥，增施磷钾肥**，以使组织充实，见效会更快。

六、剪锯口伤口保护剂的配制与使用技术

植物在生长过程中，为了达到理想的枝条生长方向、促进结果量、降低树体高度等生长问题，要进行合理的修剪，由此产生的剪锯口不可避免，**为了防止修剪后出现腐烂病侵袭，对形成的剪锯口要及时进行必要保护，涂抹伤口保护剂可以起到一定作用**。

剪锯口伤口保护剂能够在植物切口处迅速形成保护膜，具有保湿保墒、防止水分养分的流失，能够促进愈伤组织的再生能力，促使伤口快速愈合。对植物的伤口同时起到防污、消毒杀菌作用，促进愈合。涂刷切口成膜后耐雨水冲刷。

技术要点：

① 松香与清油按2∶1比例调制，使用前先把清油入锅加热，煮至沸腾后改文火，加入松香并充分搅拌均匀，冷却后即可使用。

② 蓝矾、植物油和风化石灰按4∶1∶2比例配制，先将蓝矾块压成细末，再将植物油煮沸，然后同时加入蓝矾、风化石灰搅拌均匀并调成糊状使用。

③ 直接用刷子或灰刀将保护剂均匀抹在伤口上，若切口为横切口时，将保护剂搅拌均匀后使用。

七、树洞处理与填充技术

大树在长期的生命活动过程中，由于各种原因造成树皮创伤，如未及时采取保护、治疗和修补措施，在遭受雨水侵蚀、病菌寄生繁殖及蛀干害虫的蚕食后，伤口逐渐扩大，到最后形成树洞。树洞主要发生在分杈处、干基和根部。干基的空洞都是由于机械损伤、动物啃食和根颈病害引起的。大枝分杈处的空洞多源于劈裂和回缩修剪。根部空洞源于机械损伤、动物真菌和昆虫的侵袭。

处理的主要目的是给树洞重建一个保护性表面，阻止苗木的进一步腐朽，消除各种有害生物如各类病菌、蛀虫等的繁殖场所。并通过树洞内部的支撑，增强树体的机械强度，改善苗木外貌，提高观赏价值。**树洞处理的原则是阻止腐朽**。在保持障壁层完整的前提下，清除已腐朽的心材，进行适当的加固填充，最后进行洞口的整形、覆盖。

树洞处理的主要步骤是清腐、消毒、补洞等。

技术要点：

① 清腐，先用锋利的小刀将树洞中腐烂、疏松的部分刮得干干净净，注意不要刮得太深，**刮到新鲜树干即可**。

② 消毒，待树洞内干燥时，**用安全无毒的季铵铜溶液或铬砷铜溶液进行全面的消毒**。

③ 补洞，补洞的关键是填充材料的选择，一般情况下，选择的材料需具备 pH 值最好为中性、其收缩性与木材大致相等、与木质部的亲和力要强。**现常用的填充材料有木炭、玻璃纤维、聚氨酯发泡剂或脲醛树脂发泡剂**等。

④ 洞口表面处理，将凸出树洞口的填充物切掉，然后将表面刮平。

⑤ 勾缝，如果刮平的洞口表面存在一些缝隙，还需再次对缝

隙进行填充勾缝，使表面光滑平整，避免树皮与填充物表面粘得不结实而出现滑落现象。

⑥ 仿真树皮的粘贴，制作仿真树皮的材料各种各样，其可观性、耐用性也不相同，因此**选择的树皮要长久、耐用**。其次选择的黏合剂也要具备较强的黏合性、有较大的弹性以及黏性持久且环保。

树洞经过处理保护技术后可以促进伤口愈合，改善树体面貌，延长树木寿命。

八、防止古树雷击装置的安装技术

古树被称作是“活文物”“活化石”，是当今历史文化遗产的重要组成部分。雷击不仅伤树，也伤人。因古树高大，不少人喜欢在大树下躲雨，每年因在树下躲雨遭雷击而造成的人员伤亡不胜枚举。古树树龄一般都在100～300年之间，十分珍贵。每年的雷电主要集中在6～8月份，雷击古树现象时有发生。为保护珍贵古树免遭雷击损害，**为古树加装避雷针，避免发生火灾、雷击、雷电感应**等事故。

技术要点：

安装时充分考虑到树木的生长高度以及树冠的宽幅。每**座避雷针的高度都是根据古树的身高而量身定做的**，其防雷击范围可达到树木周围方圆数十平方米。每年都要定期检测防雷装置，逐个对防雷设施进行检查和测试，发现问题及时进行调试和排除。

九、树干涂白剂的配制与使用技术

树干涂白剂是一种防护剂，主要由生石灰、石硫合剂、硫酸铜等一些物质配制而成。涂抹在树干上是用来保护树木，很好地防治病虫害及树木的生理性病害，并且也起到了美化的效果。

1. 石硫合剂生石灰涂白剂

材料为生石灰、石硫合剂原液、少量食盐、油脂。涂白剂具有杀菌、杀螨、杀虫效果，石硫合剂是一种高效杀虫杀菌剂，它能够通过渗透和侵蚀病菌及害虫的壁体来杀死病虫害及虫卵。可防治白粉病、锈病、褐斑病、红蜘蛛、蚧壳虫等多种病虫害。

石硫合剂的调制：生石灰、硫黄、水为1∶2∶10。把水放在铁锅中加热，用铁锅的水把生石灰搅拌好，倒入锅内，保证比例准确，水烧开后，把硫黄用少量水调制好，沿锅边慢慢倒入铁锅，同时搅拌，加火熬煮，沸腾后熬制40～60分钟，整个熬煮过程要一直搅拌，成墨绿色，冷却过滤，得到石硫合剂。涂白剂**按照生石灰、石硫合剂、食盐、油脂、水为6∶1∶1∶0.5∶30进行配制。**添加食盐可增加涂白剂渗透作用，还有一定灭菌作用。油脂可增强涂白剂附着力，能够让涂白剂牢固地附着在树干上。

2. 硫酸铜涂白剂

按照硫酸铜、代森锰锌、生石灰、水为1∶1∶20∶60的比例进行配制。先用开水将硫酸铜充分溶解，因为开水可使硫酸铜有更高的溶解度，然后将代森锰锌用少量水溶解，用剩余水将生石灰调成石灰乳，再将它们混合在一起，搅拌均匀作为涂白剂来使用。硫酸铜中的铜离子可杀菌，进入病菌体内使细胞中原生质变性，造成病菌死亡，从而起到防病作用。代森锰锌也是一种杀菌剂。

3. 石灰硫黄涂白剂

按照生石灰、硫黄、食盐、油脂、水为8∶1∶1∶0.1∶18的比例进行配制，具有杀虫效果。用水将生石灰溶化成石灰乳，然后将食盐混合，加入油脂和硫黄混合充分搅拌即可。

4. 使用中注意事项

① 大部分的涂白剂都是碱性的，配制前要做好防护工作，佩戴口罩、手套并穿好工作服，以免对皮肤造成损害。

② 涂白前要清洁树干，刮去粗翘皮、苔藓上的寄生物，树皮缝隙也是蚧壳虫等害虫越冬的良好场所，应刮除干净。

③ 涂白时行道树高度要一致（1.2～1.5米），以达到整齐美观效果。

④ 涂白剂干稀适当，对树皮缝隙、空洞要重复涂刷。

第二章 园林树木植树工程技术

02 Chapter

在园林绿地及庭院绿化的创造景观和生态功能维护中，树木种植是园林造园的重要内容。园林树木种植工程就是按照工程设计要求和规范，利用树木种植形式，通过科学的种植手段保证其成活，发挥生态效益。本章就树木种植过程中的坑穴开挖、起苗包装、苗木运输以及现场定点放线种植环节等逐一介绍。

第一节　树木种植坑（穴、沟）技术

一、种植坑位置

树木种植之前应按照设计图纸于施工现场通过测量确定树木种植位置，此项工作称为园林工程的定点放线。根据种植方式不同，选用不同定点放线方法。树木种植穴一般通过网格点、目测或步测方式确定种植中心点，沿种植中心点按照一定半径开挖成圆形坑穴，坑穴一般用“直径×深度”描述大小。直径大小依据所种植树木具体情况适量放大即可。种植坑（穴）内壁应垂直于地面，即上下口大小一致，避免将种植坑开挖成锅底状。另外，种植穴开挖完成后，要将内壁削切光滑，内壁不能坑洼不平，以致影响树木入穴时顺利平稳落入坑穴底部，如图 2-1～图 2-3 所示。

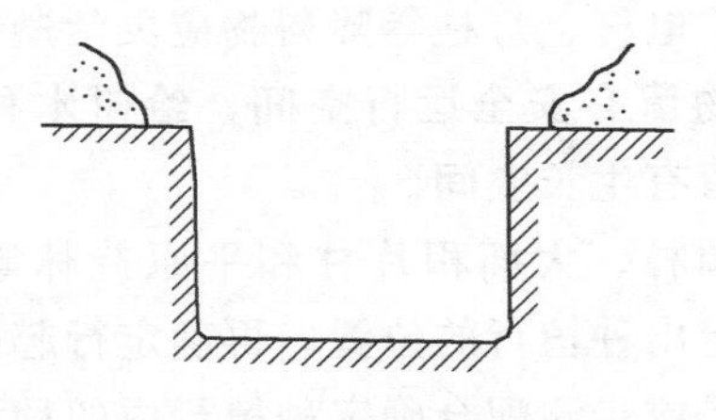

图 2-1 正确种植穴

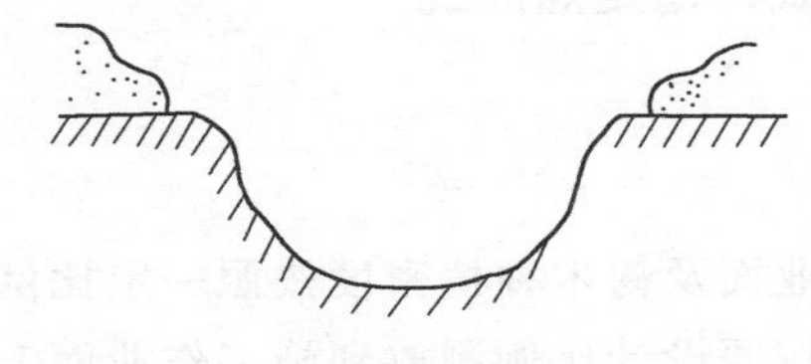

图 2-2 错误种植穴（一）

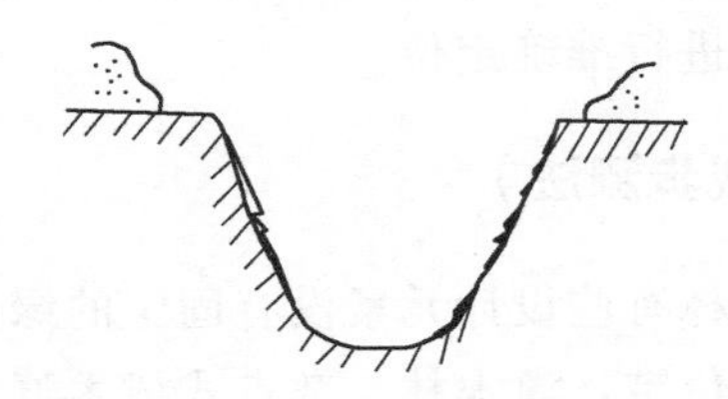

图 2-3 错误种植穴（二）

目前，为了提高生产效率，园林生产实践中经常用机械施工，挖坑（穴）机或挖沟机替代人工挖穴。机械开挖完成后，人工进行修整使种植坑（穴）达到施工要求。

（一）规则式种植坑定点放线

规则式种植包括规则式园林、行道树、片林种植及平原造林等。

对于行道树种植通常以道牙为定点放线依据，用皮（钢）尺、测绳或道牙数量计算距离等多种方式，按照设计的株距，确定行道树种植中心点，根据树木具体情况确定种植穴直径及深度。定点放线时，如遇井盖、电杆、灯柱等障碍物应灵活避让，不拘泥于设计的株距，给障碍物留有安全运行空间，给树木种植留有安全作业面，同时给树木留有生长空间。

对于规则式园林、大面积片林和平原造林等整齐式的树木种植，可以用仪器定出种植行的位置，再确定行起点和终点的种植坑位置，然后用皮尺或步测配合确定种植行内的种植坑位置。

（二）自然式种植定点放线

1. 坐标法

根据施工作业面及树木种植密度按照一定比例在设计图纸上打方格网，并将其按照设计比例测放到施工作业面上（即实际施工现场按照图纸比例做好参照网格线）。根据树木在方格网中的坐标位置测放到地面上，进行准确定位。

2. 目测法（或步测法）

对于自然式园林有些设计元素没有固定的绿化种植设计，只给出范围，如不规则色带，灌木林、散点式树木群等可用坐标法确定种植范围，然后根据树木种植位置和排列形式目测或步测方法在所划定范围内合理确定种植中心点。树木种植初期，规格较小，应留有植物生长必要的空间。但如果完全按照植株生长趋势预留足够生长空间，绿地近期整体效果不佳。因此，种植中心点选定要充分考虑所种植的树木正常生长所需空间，同时注意近期自然美观需求，做到远近期效果结合。

3. 其他

园林施工不同于建筑施工，树木种植点不必分毫不差，特别是自然式园林设计中的植物种植，以设计为依据，现场实际条件为基础，施工人员在具体操作中应灵活掌握，既保证设计初衷，同时利用现场有利条件、避让不利因素，才能保证施工质量。另外，定点放线也不必严格追求是坐标法还是目测法，园林施工时根据实际情况，采用更多的是坐标法和步测法两种方法配合完成现场定点放线工作，特别是施工作业面广阔时，首先用坐标法将施工现场划分为小单元，在每个单元内采用目测或步测方法确定树木具体种植位置。

二、确定种植坑大小

种植坑大小和形状依据所种植的树木种类不同而不同。在种植树木之前应以所确定的种植中心点按照计划直径开挖。计划直径根据树木规格、是否带土球和土球大小确定。如遇到沙石、石灰、建筑垃圾等不良土壤基质，应适当加大种植坑直径和深度，特别是遇到石灰、建筑垃圾应全部清除后垫土。种植坑开挖后如果是沙石，加深20～30厘米后垫优质土壤，适当加强保水性即可。

（一）土球苗木

白皮松、雪松、桧柏等常绿树种通常需要带土球种植，带土球的树木种植坑一般比土球实际直径大15～20厘米，对于较大的带土球苗木种植时，坑穴可以适当放大20～30厘米，便于吊装时调整树木中心位置及将苗木竖直。种植坑的深度一般比土球实际高度高出10～20厘米，便于种植时铺垫良好种植土壤。种植坑遇到不良土壤基质时，应在原有放大尺寸的基础上继续加大，给换土留有足够的空间，保障树木成活和生长所必需的土壤要求。

（二）露根乔木及灌木

对于毛白杨、国槐等露根乔木，没有一成不变的标准，根据植株规格确定种植坑大小，尽最大可能使树木根系舒展即可，一般分为40厘米×50厘米、60厘米×80厘米、70厘米×90厘米等不同大小。对于施工现场土质条件较差（水泥、白灰、建筑垃圾等）的种植环境，必须清除渣土或再放大挖深种植坑，留有为保证树木成活充足的换土空间。

第二节 起树包装技术

一、起树（起苗）的准备工作

（一）起树（起苗）前苗圃准备

起树（起苗）前根据苗圃土壤的质地和天气情况提前浇水使土壤含水量处于适合状态，更易开挖、保护土球及根部的宿土。沙土类因其颗粒大，粒间空隙粗，无黏结性，一般苗圃不选择沙土种植土球苗木。壤土和黏土黏结性和可塑性都有不同程度的提高，适宜种植土球苗木，便于起树（苗）。

1. 壤土起树（起苗）

壤土具有良好的透水通气性，土壤不易板结，同时，土球容易因遭受外力而松散，造成苗木成活率降低。因此，起苗时提前3～5天浇水即可，增加土壤含水量，提高土壤黏结度。另外，壤土起出的树木，包装土球宜更加密实。

2. 黏土起树（起苗）

黏土具有保水保肥的特性，土壤更易板结，土球受外力不易松散，因此起苗时根据土壤含水量情况一般不浇水直接起树（起苗），如遇雨季根据实际情况延迟起苗工作。对于道路两侧树木需要移植时，因肥水管理不如苗圃得当，一般提前3～5天浇水。

在园林生产实践中，沙土、壤土和黏土经常遇到的是按照不确定比例的混合型土壤，不同比例的土壤所表现出的物理性状也有很大区别，很难明确划分。因此，实际工作中需要根据土壤具体情况酌情处理起树、包装和运输方式，才能确保安全施工和满足施工要求。

（二）其他准备工作

挖掘冠幅较大、分枝点较低的树木时，提前用浸湿的草绳将妨碍施工的枝杈与树干相连，适度绷紧绳索，其松紧程度根据树体韧性，以不折断树枝，又能够腾出足够作业空间为宜。

二、起树（起苗）

（一）挖掘土球

首先铲去树干周围浮土，以树干为中心，按照比计划土球半径大3～5厘米画圆，在圆的外围下挖，沟宽60～80厘米，深度一般高于土球高度10～15厘米。

土球下挖完成后，需要进一步修整土球。修整时用锋利的铁锨削切土球，遇到较粗树根应使用手锯将粗根锯断，禁止使用铁锨多次砍削断根，易造成土球松散影响树木成活。当土球深度达到一半时，逐步缩小土球直径，直至缩小到≤1/3土球直径为宜，最后将土球表面修整光滑，准备包装土球，如图2-4所示。

（二）包装土球

1. 打腰箍

土球修整完毕后，**先用提前浸湿的草绳在土球1/2处紧密缠绕土球6～10圈**，称为打腰箍。腰箍一般约20厘米，如图2-5所示。

图 2-4 挖掘完成并削切光滑的土球

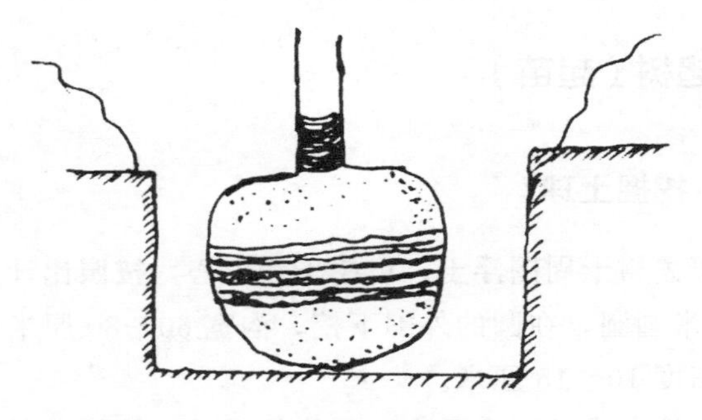

图 2-5 打好腰箍的土球

2. 包土球

腰箍打好后，用蒲包片将土球包住，用草绳于土球腰部捆扎好，如图 2-6 所示。

3. 打花箍

在扎好蒲包的土球上用草绳以树干为中心下至土球底部顺序紧贴缠绕土球，直至包装完成，称为打花箍。缠绕草绳间隔根据土质情况而定，一般间隔 8～10 厘米，土质不好的可以增加草绳缠绕密度，如图 2-7 所示。

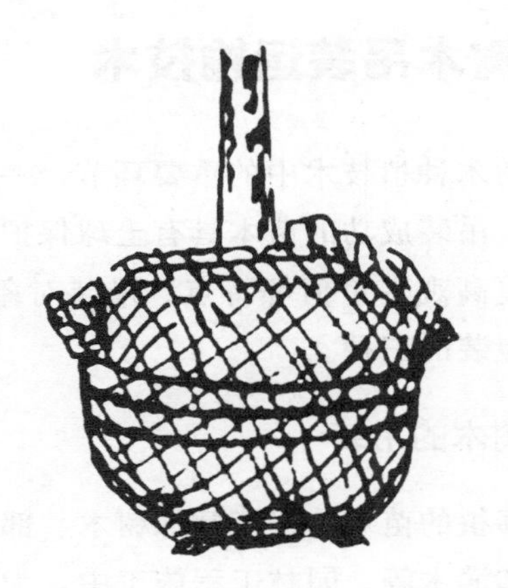

图 2-6 包好蒲包的土球

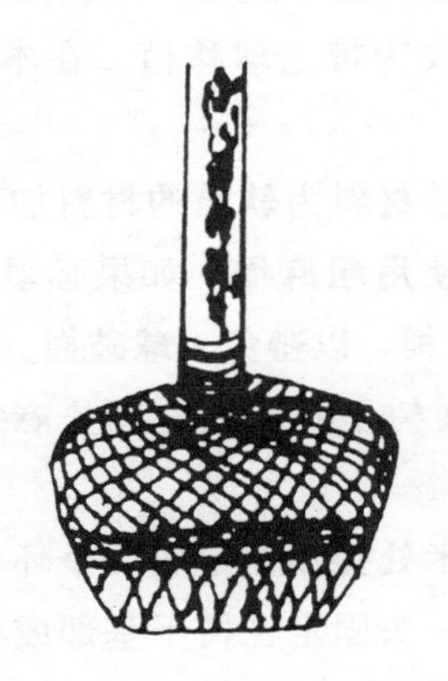

图 2-7 打好花箍的土球

4. 检查修补

上述工作完成后，将树木推倒，检查底部包装是否已经严密，如土球底部裸露多不能满足运输要求，需要再用蒲包片将底部封堵，用草绳捆绑好。

第三节 树木吊装运输技术

树木吊装是树木种植技术中的重要环节，一般大树移植及土球苗木均需要吊装。吊装成功的苗木具有土球保护完整易于成活，树形保存完好具有更高观赏价值等特点。吊装对象一般有裸根树木、土球包装和木箱包装的三种。

（一）土球树木的吊装

需要带土球移植的苗木一般有常绿树木、部分落叶乔木、较大规格的落叶乔木和灌木等。园林工程施工中，为了尽快显现园林美化效果，通常在关键局部或整体选用规格较大苗木种植，这些树木因规格较大，根系发达，为了避免严重伤及根系而影响成活，通常原来可以裸根移植的改为带土球移植。在本章里通称为土球苗木，不再赘述。

土球苗木因为包装材料为软质的材料加草绳缠绕而成，**吊装时不宜使用钢丝，一般使用粗麻绳**。如果必须使用钢丝绳，需在钢丝捆绑位置插入足够的木板，以避免土球破损。树干部位连接捆绑处必须使用麻绳，且需要在树干和麻绳之间垫麻袋片，以保证树干不被损坏。

用麻绳一头约 1 米处挽扣固定成一个环状，将环状麻绳放在土球下部 1/3 处，将另一头固定在树干基部或树干近土球位置，吊装时慢起慢落，如图 2-8 所示。

（二）木箱包装树木吊装

采用木箱包装的树木，通常为大规格苗木或是土壤基质为壤土类别。先用一根钢丝绳围绕在木箱高度 1/2 处，将钢丝绳固定后另一头挂在起重机上。**用麻绳捆绑住树干，树干依然需**

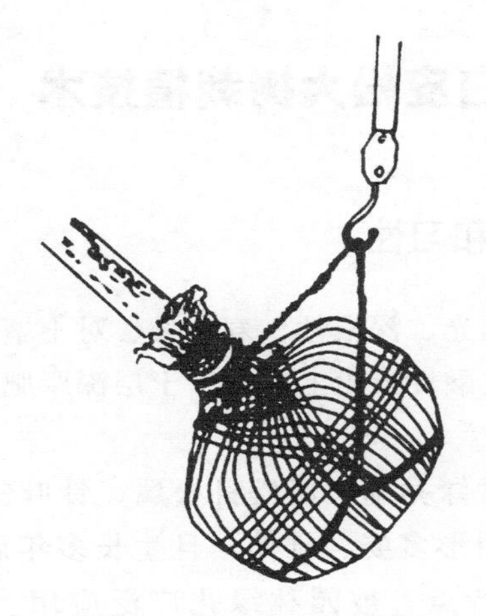

图 2-8 软包装土球吊装

要用麻袋片等做好保护，将麻绳调整合适长度并挂在起重机上，起重臂缓缓上升，直至钢丝绳与麻绳同时受力并能够保持树体平衡，检查绳索是否完好稳定，继续吊装直至完成作业，如图 2-9 所示。

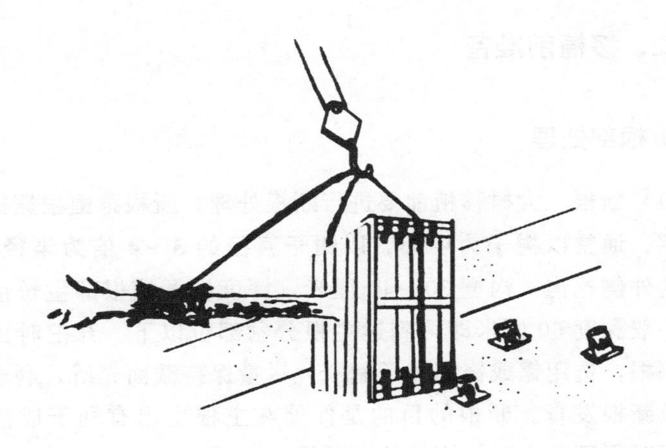

图 2-9 木箱包装树木吊装

第四节 白皮松大树栽植技术

一、原生境和习性

白皮松性喜阳光、深根性、寿命长、对土壤适应能力强，天然分布于气候冷凉之酸性石山上，对于土层深厚肥沃的钙质土或黄土上亦生长良好。

白皮松，为常绿乔木，属松科松属，针叶三针一束，因其枝条疏生而斜展，树形多姿、雄伟，且生长多年后，其树皮演变成粉白色的鳞片等特点，被园林绿化广泛应用。园林景观建设初期，各种配置的植物规格较小，保活修剪使初期的园林景观并不是理想的状态。大规格的白皮松、油松或雪松等入驻绿地，能够迅速提升整个绿化景观效果。因此，大规格常绿树移植在园林生产实践中经常用到，本章以白皮松大树移栽为例，对大树移栽进行简要介绍。

二、移植前准备

1. 根部处理

(1) 断根　大树移植前要进行断根处理。**断根范围根据树木规格确定，通常以树干为中心，以树干直径的3～4倍为半径画圆，**沿圆的外侧挖沟，沟宽30～40厘米，深度视开挖根部生长情况而定，一般深度60厘米即可到达主根分岔部位以下。开挖时出现的粗大侧根，选用锯或锋利斧子截断，尽量保持截面光滑，利于伤口愈合及新根发育。断根的目的是促使在主根生出有利于成活的侧根，同时保证苗木起挖土球的完整性。

(2) 药剂辅助　对于**难生根树种，可用生根粉药液拌和黄土成**

稀糊状，将其涂抹在粗大侧根的截面创口上，沟挖好后填入疏松肥沃的土壤，填满土后夯实，然后充分灌水。

需要注意的是，白皮松断根处理通常需要1～2年完成才能出圃利用，对于工期要求紧的情况可以当年完成断根处理后1～2月出圃利用，但对树木成活不利，在林业工程中通常采用加大土球直径的方法，做到随时可出圃利用。白皮松的特点是深根性树种，主根长，侧根稀少，加大土球直径规格，确保有足量的吸收根。土球加大后一般多层包裹土球或木箱包装保证土球完整。木箱包装将在第五节“使用包装模具包装技术”中介绍。

2. 枝干修剪

大树移植保成活是关键，因树木枝干叶发达叶面蒸发量大，因此适当修剪尤为重要。大树移植时主干缩剪可有效减少水分蒸发和营养不足，但是，由于**白皮松特有的观赏树形和枝干美的特点，主干一般不进行缩剪修剪，只需要对病虫枝、徒长枝、并列枝进行适度疏除**。修剪量应控制在20%左右，以控制树体水分蒸发。修剪过的伤口进行包封处理可有效防止水分流失。

包封的方法一般有三种。

（1）油漆涂抹截口　油漆取材方便，用其涂抹截口可依据需要选取颜色。但是油漆包封保水效果有限，对于名贵树种、规格较大树种一般不选用油漆涂抹。

（2）塑料薄膜包封截口　用剪裁成正方形的薄膜片把截口包裹严实后捆紧。塑料薄膜包封截口简单易行，具有保湿能力，但其操作烦琐，包封后不美观。

（3）石蜡涂封截口　将固体矿质石蜡，先用搪瓷器皿加热熔化，在其未凝固前用刷子均匀涂抹在截面上，使其形成一层严密的保护层。石蜡涂封截口保湿保水能力强，白皮松大树移植时一般选用此种方式。

在园林施工中，通常选用石蜡与油漆相结合的方式。较大截口选用石蜡涂封，较小枝杈用油漆涂抹。

3. 运输卸车

白皮松上车运输时根据路程和路况，路程较远时应做好树木有效支持，一般保持汽车匀速行驶，避免巨大颠簸。独立主干的白皮松须做好树干支撑保护，将木箱安置在汽车载重中间位置，树干顺势向后倾斜，保持木箱一面侧板平稳落在车上，树干部分如高于汽车箱板，需要在车内打好交叉支撑架，并做好树干包裹保护工作，如图 2-10 所示。

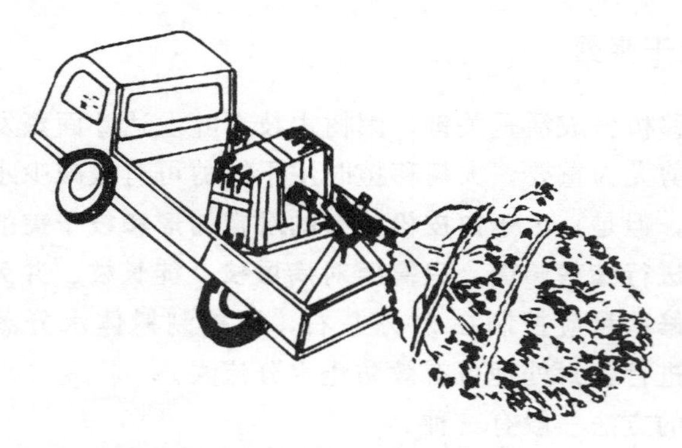

图 2-10 树木运输

到达施工现场后，将起重机安放在种植坑旁，下降起重臂至适宜工人操作高度。按照吊装时的方式拴好钢丝绳和麻绳，并挂在吊钩上。树木吊起后慢慢放入种植坑内。

三、白皮松种植

1. 丈量土球

为保障树木放入种植穴一次成功直接种植，预先用尺或铁锹把测量土球直径和深度，再与种植穴直径对比，保证土球放入种植穴后外围均有20～30厘米的余量，便于吊装时移动旋转树木。深度以留有20厘米垫土深度后剩余深度等于土球高度为最佳，避免栽植过深造成积水致树木死亡。

土球与种植穴关系直观表示为：垫土厚度＋土球高度≥种植穴深度。

2. 白皮松入穴

起白皮松树木时，在树木阳面提前做好方向标记。指挥吊车使土球缓缓落入种植穴中，落地之前或微落地时需要人工调整树木方向，保持树木在原生境中的方向。调转方向后，继续指挥吊车下放树木，直至土球放在种植穴中间位置，吊车与人工配合将树体摆正，主干或主干群垂直后，开始回填土。回填土要分层填，分层压实。全部填好后用木夯将回填土再次夯实。白皮松入穴种植完成后，根据实际需要做好支撑。

3. 围堰浇水

白皮松大树移植后，立刻浇水浇透。如果冠幅较大，可选择分次浇水，以保持树木稳定性。浇水深度在土球高度1/3～1/2为宜，并给树木叶面喷水以减少树体水分流失。种植第二天或第三天浇透水，期间叶面喷水保持多次少喷。透水浇过后根据土壤及天气条件分别于植后7～15天浇水一次。

四、白皮松大树养护管理

1. 雨季排水

白皮松栽植深度直接影响树木的成活率，一般栽植时选择抬高土球等方式避免水涝。种植后可设置排水孔解决雨季排水问题，在靠近土球周围处插入2～3根50～60厘米长的透气塑料排水管，埋深达土球2/3处，为根部透气透水用，可有效解决水渍排涝。

2. 追肥

健康茁壮的白皮松不易感病，白皮松栽植后施肥追肥一般在春季土壤解冻后进行，以含氮磷钾的肥效最好。在距离树干中心40～50厘米处挖30厘米沟，在沟内撒入肥料，覆土还原后浇水。另外，叶面施肥也可以提高树木长势，每年喷几次1%黄腐酸水溶液，以达到促根、促叶、防病目的。

第五节　使用包装模具包装技术

视现场土壤条件大树移植通常采用木箱包装法或新型材料模具法。这两种方法造价和技术要求高，对于胸径超过15厘米、土球直径超过1.2米的大树和长途运输情况下可以考虑使用。

一、材料工具准备

1. 材料准备

选用包装模具包装移植树木，需要木箱、方木、木墩、铁钉、铁皮和蒲包等。木箱大小号选用应根据树木规格和土球大小确定，木箱过大包装不严和木箱过小用蒲包补漏面积过大都易造成土球松散。方木用来支撑树木。木墩用来在树木起球掏底时支撑用。铁钉、铁皮分别为固定和连接箱板用。蒲包用于箱板合拢前补在有遗漏位置。如图2-11所示。

2. 工具准备

木箱包装树木所需工具有铁锹、短把平铲、钢丝绳、铁锤、紧线器、枝剪、手锯等。铁锹用来开挖土台，小平铲用于削切土球及

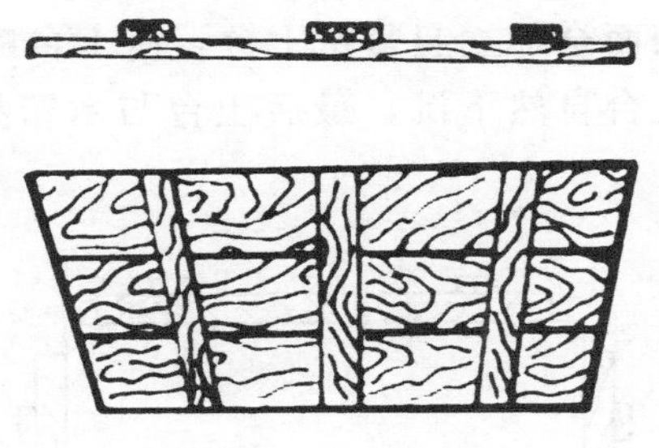

图 2-11 木箱板图

掏底，钢丝绳用来收紧木箱侧板，铁锤用来钉木箱四角铁皮，枝剪用于修剪侧根及树木有病枝等，手锯用来截断较大树根。

二、挖掘土台（土球）

1. 画线确定土台

以树干为中心，在比计划土台边长大约 10 厘米位置画正方形作为土台的尺寸，大出的 10 厘米用于预留土台的修整。沿已划好土台轮廓线向外向下挖沟，沟宽一般为 60～80 厘米可容身操作即可，沟深等于计划土台高度。为了确保安全，在挖沟前，先用三根木杆以三角形做好树木支撑，以防风力太大摇松土台或树木提前倒伏。

2. 挖沟修台

土台沟深合适后，进行土台修整。土台边长略大于箱板 2～3 厘米，土台侧壁修整为略有突出的形状，这样，箱板上好后，使土台与箱板更紧贴，土台不易松散。

三、包装掏底

1. 安装箱板

将蒲包包在土台四角处，铺舒展，然后将木箱侧板中心分别对正树干，四面全部立起紧贴土台，使土台略高于箱板 2～3 厘米，吊装时土台自然下沉，最后土台与木箱持平。如图 2-12 所示。

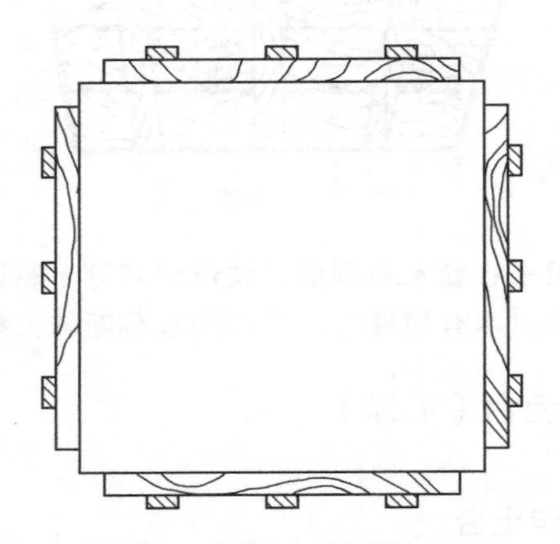

图 2-12 木箱板正确摆放方法

两根钢丝绳接好紧线器后，分别套在箱板上下部，并使两道钢丝绳的紧线器置于相反方向的木箱侧板中央部位。收紧时两个紧线器同时进行，保障整个木箱受力均匀。收紧后，根据木箱尺寸在木箱四周或四角处钉上铁皮 4～8 道固定箱体。

2. 掏底装底板

挖掘土台时如未进行树木支撑，掏底前必须进行支撑。沿箱板下挖约 30 厘米，然后用小平铲在木箱相对位置同时掏挖土台底部。当掏挖宽度与木箱底板相当时，开始安装底板。底板安装前预先钉两条铁皮，将底板一头钉在木箱侧板上，垫好木墩，另一头用千斤顶顶起，钉好铁皮后撤下千斤顶，垫好木墩。两侧底板钉装好后，继续向土台底部中心掏挖和钉装底板直至全部完成。注意，如果在安装底板过程中发现土台有土脱落或松动，需用蒲包填充紧实后再进行底板安装。如图 2-13 所示。

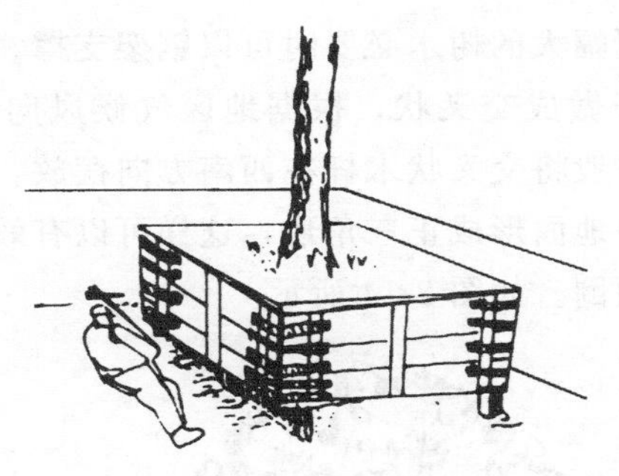

图 2-13 掏底安装底板

3. 安装上板

上板一般由 2～4 块组成，其安装方向与底板方向垂直。安装上板时应在土台上铺满一层蒲包，起到保湿和增加土台韧度的作用。

4. 运输

采用模具包装的树木一般运输距离较远或规格超大，吊装、运输和卸车需要从运输路线、箱体完整、力量平衡、放置车上（车内）排列方式、树干保护等综合考虑。具体操作见本章第四节。

第六节 大树栽后管理技术

养护管理是大树移植后能否成活的关键。养护不得当，轻则造成树木终生不能恢复原有生机，影响观赏价值；重则树木死亡，使大树移植所有工作前功尽弃。

一、养护管理

1. 支撑

大树栽种后需要立即支撑，一般采用三角（或四角）木支撑，对于树体高、冠幅大的树木必要时可以钢架支撑。三角支撑时先用两根支撑的木杆做成交叉状，根据地区气候风向特点选择支撑方向。北京地区一般将交叉状木杆在西南方向摆放，第三根支撑木杆与交叉状木杆在地面形成正三角形，这样可以有效防止北方冬季西北风造成树木倾倒。如图 2-14 所示。

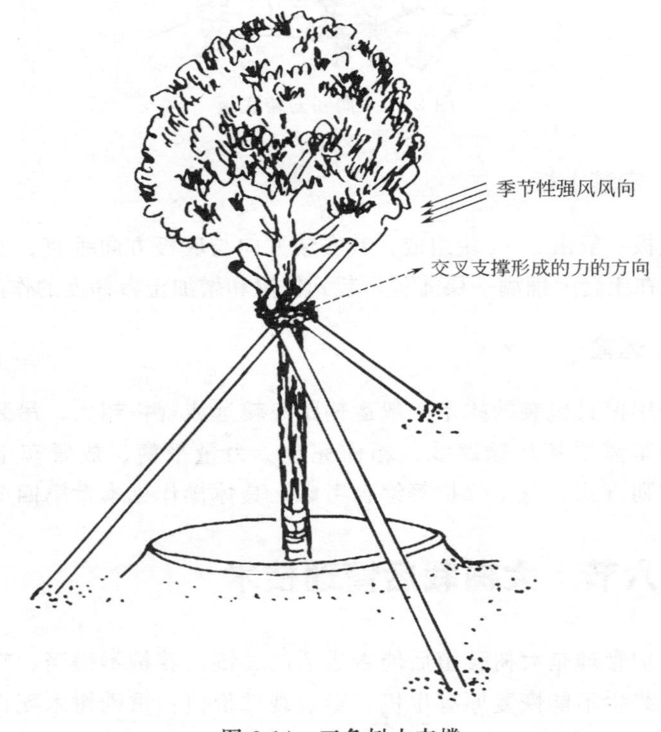

图 2-14 三角树木支撑

特殊施工现场因支撑可利用范围有限，为了不影响正常交通或继续施工，可采用四角支撑方式。如图 2-15 所示。

2. 浇水

大树栽种并支撑完毕后，立即浇第一遍透水，隔 2～3 天浇第

图 2-15 四角支撑示意

二遍水。以后需根据天气情况酌情浇水。

3. 喷雾

大树栽种后，如条件具备可以采用叶面喷水或喷雾保持叶面水分和树体周围空气湿度，同时避免根部水量大造成根部腐烂。喷水时要避开正午强阳光照射时间段。

4. 遮阴棚

不具备叶面喷水或周围喷雾条件的，必要时可以给树木搭建遮阴棚。

5. 生根剂使用

大树移植为了促进新根发育，多使用生根粉（剂）辅助树木早日生根。生根粉（剂）具有提高根系吸收营养和水分的能力，促使植物快生根、多生根，恢复衰弱树木生机，提高树木移植成活率等特点。

6. 施肥

大树栽种后为防止树木营养不足引起长势衰弱，易遭受病虫害侵袭等情况，树木成活后次年可在春季或秋季进行施肥，配以适量浇水。

二、建立养护管理台账

大树定植后，需建立大树移植台账，记录树木规格、种植季节、种植过程、肥水管理以及失误操作情况等，便于树木出现假死、长势弱等问题时进行分析和处理。

第三章 园林树木繁育技术

03 Chapter

园林树木是园林造景的重要元素之一，也是具有生命的园林元素。在崇尚自然式园林的中国，园林树木甚至被赋予寓意和象征。因此，园林树木繁殖是园林建设者最基础最应首先具备的能力之一。本章就园林树木集中繁殖方式进行介绍。

第一节 接穗的采集和封蜡技术

嫁接是一种无性繁殖方式，无性繁殖具有保持母本特性、繁殖新株规格大、养护容易、新株有健壮的根系、成活后长势快等优点。但同时也具有带病虫害繁殖、病虫害繁殖快等缺点。

一、接穗的采集

（一）挑选健壮无病枝条

健壮枝条其细胞增生能力和愈伤组织生成能力强，与砧木结合时愈伤组织繁殖数量越多，成活率越高。因嫁接繁殖能够保持母本的特性，更易将病虫害直接带入新的个体，因此，在选择接穗时要仔细检查病虫害情况，坚决不能带病截取接穗。**一般计划采穗时，**

提前 1～2 年观察母体健康情况，做好病虫害的预防和治疗工作，确定适合采穗的母体植株。从已选定的母株上剪取生长健壮、芽发育饱满、充实的发育枝作为接穗，长度以 10 厘米左右为宜，每根接穗保留 2～3 芽。接穗不宜过短或过长，过短嫁接时取斜操作不便，过长浪费枝条，影响接穗采集数量。

（二）最佳部位截取接穗

母体的不同部位枝条和枝条的不同部位生长发育成熟度不同，其木质化程度也有所区别，嫁接后形成新个体会体现出不同的生长状态。接穗一般不选用植株下部生长的徒长枝，徒长枝和背上枝一般长势强但成熟度较差，木质化程度低，嫁接后成活率低，成活后开花结果晚。**选用生长旺盛的成龄树上树冠外围的发育枝条，一般用枝条基部和中部截取接穗**，这样截取的接穗生长健壮、芽饱满，嫁接后易成活、长势旺、开花结果早。母株枝条数量紧张时，可根据枝条顶部木质化程度截取部分接穗，完全未木质化的枝条含水量高但保水能力差，易失水，嫁接后大大降低成活率，不宜截取接穗。如图 3-1、图 3-2 所示。

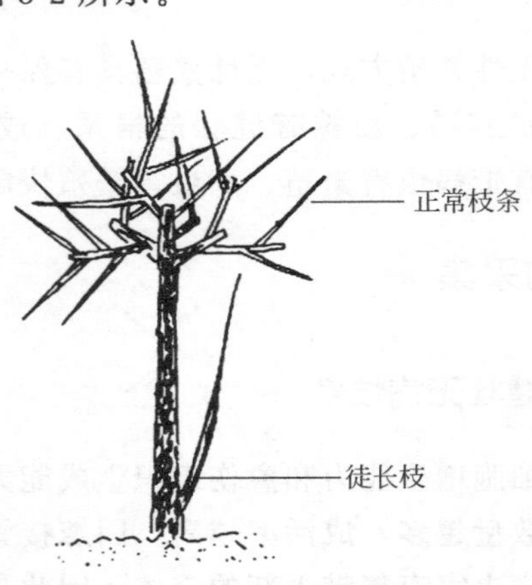

图 3-1 正常枝条和徒长枝

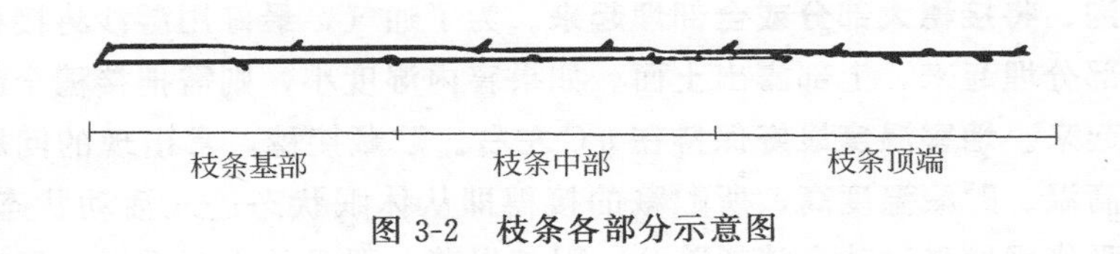

图 3-2 枝条各部分示意图

（三）选择最佳时期采取接穗

在采取接穗时，应遵循“宜晚不宜早”的原则。**即在枝条不发芽的前提下，接穗采取得越晚越好**，这样能够使芽更饱满，生命力更强。采取接穗时期距离嫁接时期越近越好，具备条件时采用随采随嫁接的方式更易成活。实际嫁接工作中，一般不能做到随采随嫁接，不能及时嫁接时，接穗需要采取适合的方式进行贮藏。

二、接穗的贮藏

接穗有两种，一种是休眠期不带叶的接穗，即树木进入休眠期后，叶片脱落时采集的接穗。另一种是生长期带叶的接穗。对于不同种类接穗，要采取不同的方法进行贮藏。

（一）休眠期接穗的贮藏

休眠期采集的接穗正处于休眠状态，贮藏时间长，可以结合冬季修剪采集接穗。剪下的枝条，按品种捆成 50～100 根小捆，做好标记注明采穗时间、品种、计划嫁接时间等内容，并贮藏起来。贮藏环境的温度适宜在 0℃左右，并保持一定的湿度和适当的通气条件，使枝条在低温下继续保持休眠状态，不失水分，因而不会降低生活力。休眠期接穗贮藏有以下两种方法。

1. 窖藏

接穗采集制作完成后，将接穗存放在低温的地窖中，**在地窖中**

挖沟，将接穗大部分或全部埋起来。为了通气，最好用湿沙将接穗大部分埋起来，上部露出土面。如果窖内湿度小，则需把接穗全部埋起来。**地窖温度最好保持在0℃左右**。贮藏接穗，常出现的问题是高温。贮藏温度高，所贮藏的接穗即从休眠状态进入活动状态，呼吸作用增强，就会消耗养分，引起发芽，严重的出现霉烂，所以必须保持低温。在埋湿沙时，做好通气装置，即每隔1米竖放一小捆高粱秆，其下端通到接穗摆放高度，能够形成冷空气进入，热空气上升的循环效果。到春季嫁接时接穗仍处于休眠状态，嫁接成活率高。

2. 沟藏（沙藏）

土壤冻结之前，在北墙下阴凉的地方开挖沟，沟宽一般为1米，深度应依当地冻土深度而定，一般在冻土层下。北京地区冻土层1米左右。沟的长度可按接穗的数量而定，数量多时则挖长些。将采集制作完成的接穗捆成小捆，用标签注名品种，放在沟内，上面用湿沙埋起来。值得注意的是，利用湿沙埋藏接穗即可，埋完后禁止灌水形成空气隔绝。湿度过大，会影响通气效果造成接穗霉烂。

3. 蜡封

从接穗采取到嫁接往往需要几天甚至几十天的时间，加上嫁接到砧木上接穗与砧木的愈合期也需要十天到二十天时间，如不及时进行蜡封，接穗会有不同程度的失水而导致嫁接成活率降低。接穗蜡封技术能有效地保持湿度，蜡封接穗可以减少水分蒸发，使接穗保持生命力，是提高枝接成活率的重要措施。同时，接穗封蜡后可以不进行埋土和复杂的包扎，减少了嫁接的工序，节省了人工。

接穗蜡封的方法：将工业石蜡切成小块，放入铁制或铝制容器中加热至熔化。把接穗用枝剪剪成10～15厘米长，顶端保留饱满芽的小段。**当石蜡熔化且温度达到100～110℃时，将接穗的一半**

放入熔化的石蜡中蘸一下立刻取出来，再将接穗另一半蘸蜡后立即取出，两头封蜡要衔接无缝，使整个接穗都蒙上一层薄、匀且光亮的石蜡层。

石蜡温度必须控制好，温度过高，接穗会被烫伤而降低嫁接成活率。温度过低，石蜡开始熔化就进行封蜡操作，造成蜡层太厚，成本高，且所封蜡层容易产生裂缝或脱落，影响蜡封效果。蜡封后的接穗应立即散放到室外低温处进行散热，若堆放在一起，石蜡温度不能立即下降，也会烫伤接穗。

（二）生长期接穗的贮藏

生长期采集接穗，宜随采随用。**枝条采下后立即把叶子剪掉，只留下一小段叶柄，而后用湿布包好，放入塑料袋中，备用。如果接穗当天用不完，贮藏时可将其用湿布包裹并放在阴凉的地窖中。**

生长期大气温度一般在20℃以上，生长期采集的接穗不能放入低温冰箱中，可能发生冷害。不具备地窖贮藏时最好选用保鲜柜并将温度调到10～15℃最为适宜。

不管是休眠期还是生长期的接穗贮藏，温度、湿度和必要的通气条件是保持接穗生命力的三个关键环境因素，因此，除了接穗采集时保证其质量，采集后有利的贮藏条件也是必要条件。

第二节　分株繁殖技术

一、分株繁殖的概念

分株繁殖是将植物的根、茎基部长出的小分枝与母株相连的地方切断，然后分别栽植，使之长成独立的新植株的繁殖方法。此法简单易行，成活快，可广泛应用。由于分株形成新植株具有完整的根、茎和叶，所以分株繁殖得到的新株成活率很高，但是繁殖的数量有限。分蘖力较强的种类常用此法，如蜡梅、棕竹、凤尾竹、连翘等。此外，如吊兰、虎耳草等匍匐茎上产生的小植株，多浆植物中的景天、石莲花等基部生出的吸芽（小枝），其下部自然生根，此等幼小植株可随时分离出来栽植形成新植株。

二、分株方法

根据植株是否完全起出土壤分割成若干小植株和母株是否保留，分株繁殖又分为全（整）分法分株繁殖和半（侧）分法分株繁殖。

（一）全（整）分法分株繁殖

全分法是将母株根部完整地从土中挖出，用剪刀或切分工具分割成若干植株或株丛，分割时保证每一小株丛带 1～3 个枝条且下部带根，将小株丛分别种植到育苗地或容器中。采用全分法进行分株繁殖的园林植物有很多，并可依据植株生长速度于 3～4 年后再进行分株繁殖，如马蔺、迎春、棣棠等。全分法完成分株繁殖后，母株不复存在，繁殖数量根据母株地上枝条数量和地下根系发达情况，一母株可形成 2～10 株新株，繁殖数量大，适宜苗圃扩大经营用。如图 3-3 所示。

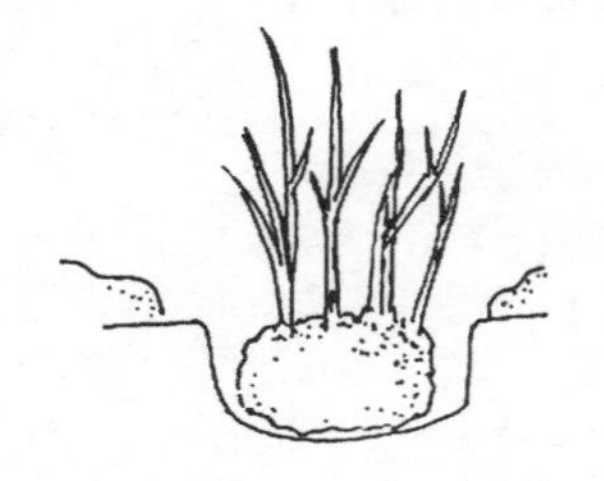
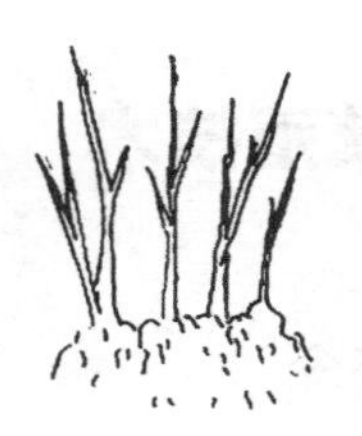
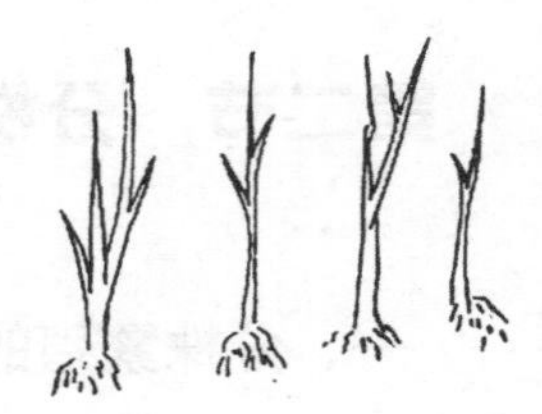

图 3-3　全分法繁殖步骤

（二）侧（半）分法

侧分法分株时，不必将母株全部挖出，利用母株的四周、两侧或一侧长出的分蘖枝条，把土表层挖开，露出分蘖株的根系，用锋利铁锨将分蘖株与母体切下，形成下部带根具有1～3个枝条的小株丛，这些小株丛移栽到育苗地，就可以长成新的植株。此种方法繁殖数量虽小，却不影响母株的观赏效果和林地覆盖率，适合在已经建成的园林绿地中利用疏苗和养护管理时采集幼苗，可以提高林地通风效果，给母株留有生长空间，同时繁殖新的储备苗木。如图3-4所示。

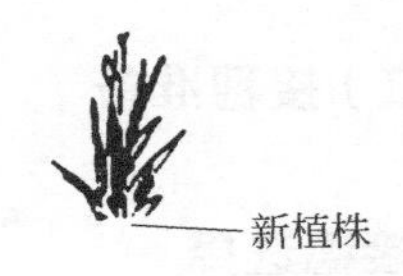

图3-4 侧（半）分法繁殖

第三节 龙爪槐嫁接繁殖技术

龙爪槐属于豆科落叶乔木，枝条弯曲而下垂，树冠因园林需求常修剪成伞状、长廊形或是亭状，是非常优美的园林绿化树种。其繁殖一般以嫁接繁殖为主，采用枝接或带木质芽接，具体繁殖方法如下。

一、龙爪槐的芽接繁殖

（一）砧木的选择

1. 砧木定干和留枝

在国槐苗圃中选择胸径5厘米左右的健康苗木作为嫁接龙爪槐

的砧木。一般留1.5～2.5米定干，也可以根据特殊造型要求确定定干高度。春天，当国槐新枝长到10厘米左右时，选留6～8个不同方位且分布均匀的枝条，其余的从基部全部剪掉。选留的枝条在主干的着生位置最好集中在10厘米高度范围内。若枝条的数量不足或分布不均匀不能满足嫁接要求，可将枝条不足位置的邻近枝条保留作为替补枝条，替补枝条需留5厘米长进行摘心，至摘心后新生枝条达到要求。

2. 砧木移栽

定干留枝的国槐于第二年3月底4月初，按1.5～2米株行距带土球或护心土移栽定植，定植后立刻浇水，等待嫁接。

（二）接穗准备

1. 接穗选择

接穗要选择树形优美、无病虫害的龙爪槐树的外围枝条。接穗采集可结合龙爪槐的修剪进行。

2. 削取接芽

在接穗中部饱满芽的上部1厘米左右入刀，逐步下削，深达木质部，至芽下方1厘米左右削出椭圆形芽板片。芽片的长短、宽窄都要略小于砧木接口。取芽也可反向操作，由芽的下部入刀，逐步向上削，其余操作要求相同。

（三）嫁接

在砧木枝条基部背上的光滑处，距离基部5～15厘米处入刀，逐步向下削，刀口深达木质部，最后削出椭圆形接口，长度约2～3厘米。将上面削好的芽片放到砧木上，对齐四边。若芽片略小，让芽片的一侧与砧木的削面吻合，然后用塑料薄膜绑扎。

二、龙爪槐的枝接繁殖

（一）砧木选择

枝接一般针对较粗国槐作嫁接砧木时使用。具体选择标准与芽接选择标准相同，不同的是砧木规格较小的可在主干枝接，规格较大的可在留枝上嫁接。

（二）接穗采集及制作

枝接时采用一年生健康枝条，计划嫁接的前一年采集龙爪槐接穗，接穗长度以10～12厘米为宜，粗0.5厘米左右，每段穗上保留3～4个芽。截取好的接穗进行封蜡处理并贮藏。封蜡和贮藏方法见本章第二节。气候条件允许的地区，也可以随采随接，随采随接的接穗只做顶端封蜡处理。

（三）嫁接

在距离接穗第一个芽背面约2厘米位置，向下削一个约2厘米长的斜面，在对面再削一刀，使接穗下部形成一个楔形。

用手锯将砧木树干按照计划高度截平，砧木截平后，用刀从上向下切一刀，切口在形成层的内侧稍带木质部，长度与接穗相等或比接穗的削面略短，将接穗插入砧木，使两侧或一侧形成层吻合，用塑料薄膜绑扎。为了树木早日形成树冠，一般在砧木上接3～5个接穗。如图3-5所示。

三、龙爪槐嫁接后管理

嫁接形成的新株具有根系饱满，水肥吸收能力强等特点，新植株养分充足，在砧木截口附近易产生萌蘖芽，萌蘖芽仍为国槐，因

图 3-5 龙爪槐嫁接接穗制作、嫁接及绑扎

此在嫁接后 15 天左右，检查并抹除萌蘖芽，保障嫁接芽和枝的养分集中供应。

嫁接成活后，根据树木的生长状况，在枝条的下垂处结合春季和秋季修剪进行重摘心，促发枝量。

经过摘心后枝条发育逐步丰满，于 6 月和 7 月追施氮肥两次，并及时浇水促进肥水配合加快生长。嫁接后做好病虫害防治、杂草清除等工作。

第四节 压条与埋条繁殖技术

一、压条繁殖

（一）压条繁殖概念

压条繁殖是无性繁殖的一种，是把母株上的枝条压入土中或用泥土等物包裹，促使枝条形成不定根，然后再将不定根以上的枝条与母株分离，形成一株独立新植株的繁殖方法。

压条繁殖比扦插繁殖具有更易成活、形成的新植株规格相对较大等优点，但是其操作比扦插繁殖烦琐，一次获得新株数量较少、各种压条技术和管理要求不一致、成本较高等缺点。

（二）压条繁殖的分类

根据压条繁殖操作部位和方法不同，压条繁殖分为普通压条、水平压条、波状压条、堆土压条、空中压条四种。

1. 普通压条

普通压条是将近地面的枝条刻伤后直接将刻伤部位压入土壤中的压条繁殖方式。这种普通压条适用于枝、蔓柔软的植物或近地面处有较多易弯曲枝条的树种，如辛夷、蜡梅、连翘等。将母株近地面1～2年生枝条下方刻伤后弯曲并压入土中，用铁钩固定，培土压实，枝条露出地面部分绑缚一支撑物使其垂直于地面。如图3-6～图3-9所示。

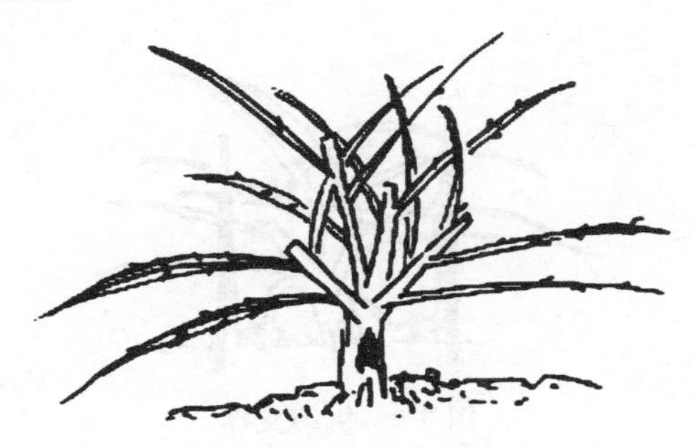

图 3-6 选定健康枝条

2. 水平压条

水平压条适用于枝条较长且易生根的树种，如藤本月季、蔷

图 3-7　枝条基部环剥或刻伤

图 3-8　铁钩固定

图 3-9　绑缚支撑

薇、迎春等。**在育苗地挖浅沟，按适当间隔（每隔具有 2～3 芽）刻伤枝条并水平固定于浅沟中，除去枝条向下生长的芽后覆土。**待生根萌芽后在间隔处逐一切断，每株苗附有一段母体枝条，重新种植于育苗地中长成新植株。如图 3-10 所示。

图 3-10　水平压条

3. 波状压条

波状压条适用于藤本植物，枝条较长，具有较好的柔韧性，一根枝条可繁殖多棵新植株，如葡萄、藤本月季等。**将枝条弯成波状，着地的部分埋于土中，用 U 形铁钩固定**。待其地下部分有根形成和地上部分萌芽并生长一定时期后，逐段切成新植株。如图 3-11 所示。

图 3-11　波状压条

4. 堆土压条

有些树木枝条韧性差、不易弯曲，不具备普通压条操作条件，可进行堆土繁殖，如红瑞木、黄刺玫等。**初夏时节，将其枝条的下部距地面约15～20厘米处进行环剥，宽约1厘米，然后在母株周围及枝条缝隙间培土**，将整个株丛的下半部分埋入土中，保持堆土湿润，枝条会于环剥处生根。次年早春，枝条萌芽以前，清除堆土，将枝条自基部剪离母株，分别移栽即可获得新植株。如图3-12所示。

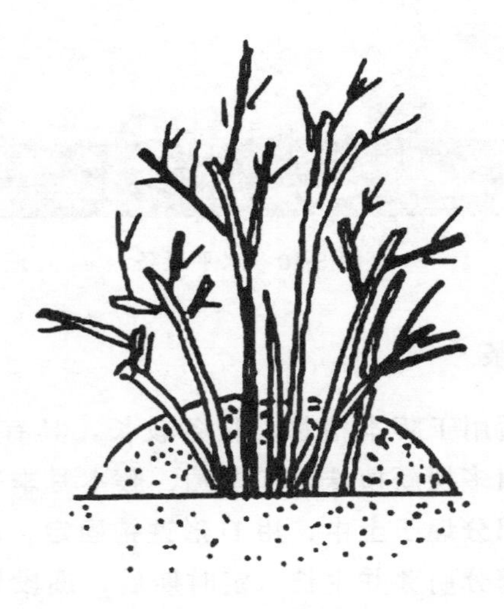

图 3-12 堆土压条

5. 空中压条

空中压条适用于高大或不易弯曲的植株，多用于不易生根的名贵树种繁殖，如山茶、玉兰、荔枝等。空中压条时一般选用1～3年生健壮枝条，于枝条基部环剥2～3厘米或纵刻成伤口以促进愈合组织生成，用塑料布或自制包裹工具等包合于割伤处，紧绑固定后填入营养土，保持必要的土壤湿度，待枝条长出新生根后，切离母株。如图3-13、图3-14所示。

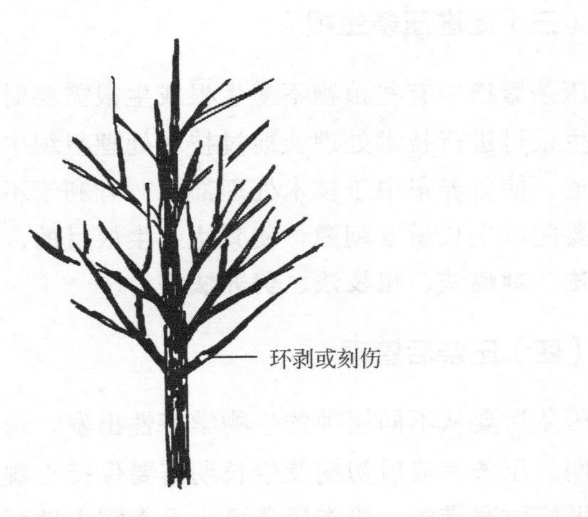

图 3-13 选定枝条上刻伤处理

图 3-14 包裹填入营养土

（三）促进压条生根

压条繁殖中有些植物不易生根或生根需要时间较长，为了促其快速生根可进行技术处理。通过技术处理组织中有机物质的正常运输通道，使营养集中于技术处理部位，有利于不定根的形成。有时还需要配以生长激素刺激，使其达到生根目的。**技术处理一般采用环剥法、刻痕法、扭枝法、劈开法等**。

（四）压条后管理

压条后要从不同树种的生物学特性出发，选择适宜的压条方法和时期。压条完成后初期及生长期需要保持土壤湿润；冬季寒冷地区应做好防寒措施；检查压条覆土是否露出地面并重新覆土。

压条与母株分离时，需确保压条形成的新植株有良好的根组。新分离于母株的新植株需要做好充足的灌水、遮阴及保持适宜的温度等工作，必要时需移入温室养护越冬。

二、埋条繁殖

（一）埋条繁殖定义

埋条繁殖就是将1年生健壮的发育枝或徒长枝剪下水平埋于土中，使其生根发芽的一种繁殖方法。

（二）埋条繁殖与压条繁殖的区别

埋条繁殖与压条繁殖区别在于压条繁殖的压穗不脱离母体，将其部分埋于基质中，靠母体提供养分至生根后，切离母体；**而埋条是将枝条先剪离母体，埋于土中生根发芽的繁殖方法**。埋条繁殖具有省材料、省场地、养护较易的优点，但养护时间长，新植株弱小。园林树木中毛白杨、柳树经常使用埋条繁殖方式。

（三）埋条繁殖的方法

1. 埋穗（条）处理

将选好的埋穗（条）剪除未木质化部分，水平横向埋于备好的种植畦中，柔韧性好的枝条也可盘绕于容器中，深度以叶片及少量叶柄露出土壤表层为宜，叶片基本呈直立状态，朝下生长的叶片及叶柄去除，覆土将枝条埋于地表下 1～2 厘米，埋穗之间横向间距为 5～10 厘米。

2. 埋条方法

（1）平埋法　选择育苗用地并做好苗床，在苗床上按一定行距开沟，沟深 3～4 厘米，沟宽 5～6 厘米。将选择好的枝条平放沟内，放条时要使多数芽向上或位于枝条两侧，然后用细土覆土。覆土厚度 1 厘米为宜，太厚将影响幼苗出土。

（2）点埋法　按一定行距开挖深 2～3 厘米的沟，将选取的枝条平放沟内，然后每隔 30～40 厘米，横跨枝条堆土。堆土量为长约 15 厘米，宽约 10 厘米，高 8 厘米左右的长圆形土堆。土堆之间枝条上应留 2～3 个芽，利用外界较高的温度促进发芽生长，土堆处生根。土堆埋好后要踩实，并在浇第一遍透水后检查补土，以防灌水时土堆塌陷影响生根。点埋法具有出苗整齐规律、更有利于定苗、保水性能比平埋好等优点。但点埋法操作相对费工，效率较低。

（四）埋条后的管理

1. 适时浇水

埋条后应及时浇透水，以后苗床一直要保持土壤湿润。一般在生根前每隔 5～6 天浇一次水。

2. 覆土检查和修补

埋条生根发芽之前，要经常检查覆土情况。根据埋条方法适时补土或去除多余覆土。

3. 培土与间苗

埋入的枝条一般枝条基部较易生根，而中部及顶部易发芽长枝，如不及时有效管理容易造成“有根无苗、长苗无根”的现象。因此，**当幼苗长至10～15厘米高时，需要在幼苗基部培土促根形成。待苗高达到25～30厘米左右时，进行第一次间苗**，去除过密或有病虫害的弱苗。第二次间苗为定苗作业，根据生产计划和苗圃用地规划实施。

4. 追肥及培垄

定苗后当幼苗长高至30～40厘米左右时进行培垄作业，同时在苗行间施肥，将肥料埋入土中。以后根据土壤肥力定期追施人粪尿，促进苗木快速生长。雨季过后停止追肥并减少浇水量，促其组织充实，枝条充分木质化，以便安全越冬。

5. 修剪除蘖

当幼苗生长至40～50厘米时，腋芽开始大量萌发，为使苗木加快生长，需要及时修剪除蘖。一般除蘖高度为1.2～1.5米，不宜太高，否则幼苗易徒长为瘦弱纤细植株。

第五节　扦插繁殖技术

一、扦插繁殖概念

扦插繁殖是取植株营养器官的一部分，插入疏松润湿的土壤或细沙中，使之生根发芽长成新植株的繁殖方式。

扦插具有方法简便、材料来源充足、繁殖数量大、操作简单、可进行大量育苗等优点。但扦插繁殖在插穗采集和插后管理上要求比较精细，加之插穗在脱离母体情况下生根发芽长成新植株，所以必须给以最适合的温度、湿度、通风等环境条件才能成活。

扦插繁殖的种类有枝插、根插、叶插等。

二、扦插成活原理

扦插成活的前提条件是根的形成与否，有根形成则具备了自主吸收水分和养分的能力，具备了生长发育的基础条件。一般情况下，枝插时插穗带芽，芽向上生长枝条，插穗基部自然向下发育成根，最终形成完整的植株。插穗生成不定根的位置有皮部生根、愈合组织生根两种类型。

（一）皮部生根型

正常情况下，枝条的形成层部位能够形成薄壁细胞群，这些薄壁细胞称为根原始体，即根原始体由形成层细胞分裂而成。根原始体是扦插后产生大量不定根形成的重要物质基础。

根原始体在插穗采集和制作中已经形成，在适宜的温度、湿度条件下，由细胞分裂向外分化，就能从植株的皮孔长出不定根。皮部生根较为迅速，生根容易、扦插易成活的树种，基本都属于皮部生根型。

（二）愈合组织生根

植物局部受伤后，受伤部位及周围分生能力就会增强，能够产生大量愈合组织，这是植物恢复生机、保护伤口的生理反应。扦插后，插入土壤一端的切口处形成的凸起，就是愈合组织。这些愈合组织和愈合组织附近的细胞不断分化，在适宜的温度、湿度条件

下，逐步发展成不定根。愈合组织生根需要先形成愈合组织再分化为根，所以生根缓慢。另外，**有些植物具有新茎生根能力，即插穗成活后，由地上部分第一个芽萌发而长成新茎，当新茎的基部被土壤覆盖后，其地下部分能长出不定根**。具有这种能力的植株可人工增加覆土，促进新茎生根，增加根系的数量，提高苗木质量。如连翘、毛白杨、柳等。

另外，嫩枝扦插的生根过程属于愈合组织生根但又有别于愈合组织生根。嫩枝扦插在取插穗时，插穗未木质化，尚没有形成根原始体。嫩枝插穗剪取后，伤口处流出大量的细胞液，细胞液与空气接触很快被氧化，形成一层保护膜。扦插后再由保护膜的新细胞形成愈合组织，愈合组织细胞不断分化并形成形成层和输导组织，逐步分化出生长点，最终在生长点长出不定根。

三、影响扦插成活的因素

在插穗生根过程中，插穗分化成不定根是一个复杂的生理过程。不同树种因其生物学特性不同，扦插成活率也不同，即使是同种树木扦插因插穗采集时间、贮藏效果和扦插后管理不同，其成活率也有很大变化。

（一）影响扦插成活的内在因素

1. 植物的遗传特性

不同植物由于其自身形态构造、组织结构、生长发育规律等遗传特性的差异和外界环境适应能力的差别，扦插过程中生根难易存在很大差异。有的扦插后很容易生根适宜扦插繁殖；有的稍难，通过人工辅助可以扦插繁殖；有的干脆不生根，只能选择嫁接、埋条或种子繁殖方式。

例如，连翘易生根，枝条下垂后与土壤长时间接触就可形成新植株，还有柳树、杨树、月季、常春藤、小叶黄杨等均属于易生根植物。

稍难生根的树种有：樟树、梧桐、银杏、龙柏、木兰、臭椿等植物，这些植物扦插繁殖时需要进行生根剂辅助或采用其他繁殖方式。

极难生根的植物：山毛榉科、榆科、槭树科、胡桃科中难于生根的树种较多，一般采用种子繁殖或是软枝扦插繁殖。

2. 插条的年龄

插条的年龄包括两种含义，一是所采插条的母树的年龄；二是所采枝条本身的年龄。

（1）母树的年龄　树木受新陈代谢作用强弱的影响，随着发育阶段由生长旺盛逐渐发展到生命力减弱，母树年龄越大，细胞分生能力越低。因此，老龄母树采集插穗的生根能力和发芽能力低，成活后长势弱。反之，母树的年龄越小，其生命活动力越强，细胞分生能力越强，采下的枝条扦插成活率越高。因此，扦插采集插穗时，尽量选择生长旺盛的幼树或青壮树木，成活率最高。具备条件的选用实生苗的枝条制作插穗，其扦插成活率更高。

（2）枝条的年龄　枝条的生根能力也随其本身年龄增加而降低，其中以一年生枝条制作的插穗的分生能力最强，但具体年龄也因树种而异。另外，母株近根部位的一年生萌蘖条，其发育阶段正处于幼年，且萌蘖条生长的部位靠近根系，更易获得营养和水分，使它们积累了较多的营养物质，扦插更易成活。萌蘖条具有和实生苗相同的特点，分生能力强。近根处萌发枝生根率虽高，但是数量有限。有时为了获得萌蘖条，可以近地面20～30厘米处进行截干操作，阻断营养向树冠供应使近根处产生大量萌蘖条。

同样是一年生枝条，分生能力和插后成活率和长势也有很大区别。母树主干上的枝条生根力最强，多次分枝的侧枝分生能力弱，生根困难，成活后长势弱。

3. 枝条的发育状况

植物扦插后形成新器官和最初期生长所需要的营养物质均来源于插穗本身。发育充实饱满的枝条内营养物质含量高，扦插后生根所需营养充足，成活率高。凡成长良好、发育充实、营养物质含量充足的插穗，容易成活，扦插成活后生长良好。

插条的粗度与长短对于成活率和成活后苗木的长势也有影响。一般情况下，苗木插穗越粗营养含量越丰富，扦插后成活率越高。插穗的长度也影响扦插后成活，**一般选择保留 3～4 个芽，插条长度不超过 15 厘米**。生产实践中，应根据需要合理利用枝条，截取适当长度的插穗，选取插条时掌握粗枝短剪，细枝长留的原则。

苗圃大面积的育苗过程中，常结合日常养护管理工作，将平茬剪下的实生苗或扦插苗的主干作为插穗，这种插穗从根部直接获得养分，生长充实，扦插后可大大提高成活率。

4. 插穗保留的叶和芽的作用

插条上的芽将形成新植株的茎和干。芽和叶具有给予插穗生根所必需的营养物质、生长激素和维生素等能力，特别是叶片的光合作用产生的养分对插穗最终成活具有重要作用。**饱满的芽和适当保留的叶片更有利于生根。在嫩枝扦插和常绿树种的扦插中，叶的作用更为重要**。在生产实践中，插穗留叶多少一般要根据具体情况而定，雨季扦插可以选择保留全部叶片，干旱和光照强较强的春秋季节，扦插应适量疏除叶片，并做好遮阴和喷雾措施。总的原则是在能防止插穗因蒸发失水影响成活的前提下，尽量保留较多的叶，使其能够进行一定的光合作用，制造养分供给生根，同时在光合作用过程中所产生的生长素也有利于生根。

（二）影响扦插成活的外界因素

优质的插穗是扦插时成活的基本条件，扦插后所给予的温度、湿度、土壤等环境因素也直接影响扦插后成活率。

1. 温度

气温和地温对插穗的成活均有较大影响。

（1）气温　插穗生根对温度的要求因树种不同而有所差异。多数树种最适宜生根的温度为20℃左右。但是，也有很多树种在达到生根最低温度要求时就可生根，如杨树、柳树等落叶阔叶树种能在10℃左右开始生根。一般情况下，发芽早的树种对温度要求比较低，生根最低温度也低。在生产实践中，要根据插穗芽饱满度和贮藏水平，及时扦插。温度不能满足扦插要求时，可选择室内扦插或阳畦扦插以提高温度，从而提高扦插成活率。

（2）地温　插穗生根对土壤温度也有一定要求，大多数树种的最适生根地温是3～5℃。适宜气温能够满足芽的活动和叶的光合作用，叶、芽的生理活动促进植物营养物质的积累和生根，但气温过高，叶面蒸发加速，易引起插穗失水枯萎。因此，**在插穗生根期间尽量保持地温略高于气温**。夏季嫩枝扦插时，地温基本能够得到保证，春季和秋季硬枝扦插时地温较低，可采取增加地温的办法提高成活率。大面积温室扦插可有效提高空气温度和地温，但存在浪费生产资源等情况，园林生产实践中，常用挖砌阳畦的方式保证采光且能提高地温。阳畦扦插方法：在背风向阳的地块挖一深度60～80厘米，宽1～1.5米的沟，出地面部分做成北高南低的坡面，在沟内铺30～40厘米扦插基质，或土壤消毒后直接利用，畦上打好支撑覆盖薄膜。如图3-15所示。

2. 湿度

插穗需要有适当的湿度，包括扦插基质湿度和小环境湿度。在

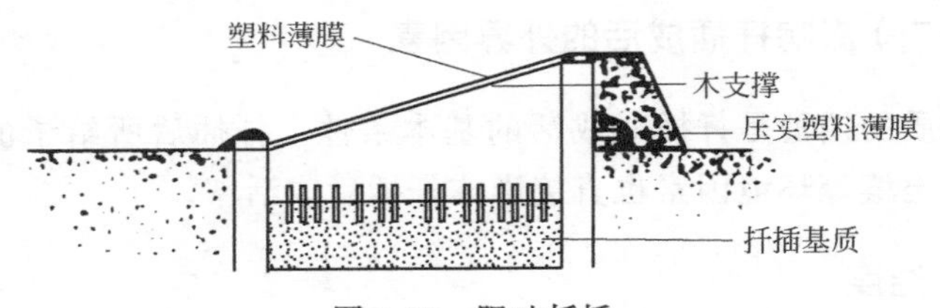

图 3-15 阳畦扦插

扦插生根的过程中，需要保持较高的空气湿度，尤其是对一些难生根的植物和嫩枝扦插，湿度更为重要。

扦插生根发芽直至形成新的植株都是在脱离母体后完成的。扦插后，在不定根形成前没有根系从土壤中吸收水分，而插穗及保留的叶片的蒸腾作用仍在进行。这种情况下，极易造成失水导致插穗干枯死亡。因此，增加空气相对湿度、控制插穗蒸腾强度、减少水分损失尤为重要。扦插繁殖时，插穗所需的空气相对湿度一般为90%左右，一般正常气候很难满足。为此，**最好采用间歇喷雾装置，也可采用遮阴、人工喷水和覆盖薄膜等办法提高空气相对湿度**。

扦插时基质的湿度也是一个影响插穗成活的重要因素。基质湿度不足，插穗容易失去水分平衡；湿度过大，易造成基质通气不良，插穗因缺氧影响生根。插穗生根时需要氧气，通气情况良好的基质能满足插穗生根对氧气的需要，有利于生根成活。基质湿度取决于扦插基质、扦插材料及管理技术水平等。插穗从扦插到愈伤组织产生和生根，各阶段对基质含水量要求不同，通常以前者为高，后两者依次降低。插穗生根后，应逐步减少水分的供应，以抑制插条地上部分的旺盛生长，增加新生枝的木质化程度，为安全移植到田间环境做好前期工作。**基质水分过多往往容易造成下切口腐烂，导致扦插失败**，应引起重视。

扦插中空气湿度和基质湿度是扦插成活的关键因素，而插穗自身的含水量也直接影响扦插成活。因为插穗内的水分保持着插穗自身活力，能够保持光合作用所需要的水分需求。插穗的光合作用愈强，不定根形成得愈快。当插穗含水量减少时，叶组织内的光合强度就会显著降低，因而直接影响不定根的形成。

3. 光照

适宜的光照条件可提高土壤温度，使插穗光合作用处于一个合理水平，光照对带叶嫩枝扦插和常绿树扦插过程尤为重要。光照有利于叶子进行光合作用制造养分，在光合作用过程中生产的生长素有助于插穗的生根。生产实践中，应根据不同植物种类，选择适宜光照强度和时间。光照太强，会增大插穗及叶片的蒸腾强度，加速水分的损失，引起插穗水分失调而枯萎。日常生产中，经常采用搭建遮阴棚的方法调节光照强度。

4. 扦插基质

插穗基质通气条件和含水量是插穗生根成活的重要因素。插穗切离母树之后，吸水能力大幅降低，而此时的蒸腾仍在进行，水分供需失衡。因此，扦插后水分的及时补充十分重要，在这一时期内要经常灌溉或遮阴，以减少插穗蒸腾失水，保持基质湿润。

插穗在生根期间，要求基质有较好的通气性，以保证氧气供给和二氧化碳排出，避免因基质含水量过高造成基质通气不良而使插穗腐烂死亡。通透性好且持水排水性好的蛭石、珍珠岩等人工基质适宜扦插。但是，在露地进行大面积扦插时，大面积更换扦插基质存在难度并会提高成本，一般露地扦插基质选择结构疏松且排水通气良好的砂质壤土即可。

不同种类的植物扦插，选择适合的扦插基质就能够提高扦插成活率。在选择基质时，一般按照植物自身含水量与所需基质的保水能力呈反比的规律进行选择。常用基质特性如下。

（1）蛭石　蛭石是一种单斜晶体天然矿物，自然界在温泉的溶液中由黑云母等矿物产生，疏松透气，保水性好，呈微酸性。蛭石是高温焙烧而成的膨化制品，体质轻，空隙度大，具有良好的保温、通气、保水、保肥的效果。因为经过高温燃烧，无菌、无毒。化学稳定性好，是目前公认的最理想的扦插基质。

（2）珍珠岩　珍珠岩是铝硅天然化合物，是经过高温燃烧而成的膨化制品。由于珍珠岩的结构中空隙是封闭的，水分只能积聚在颗粒表面，或保持在颗粒之间的空隙中，故珍珠岩具有良好的排水性能，与蛭石一样有良好的保温、隔热、通气、保肥等性能，是冬天扦插最好的基质。

（3）砂　以石英石或花岗岩等经河床冲刷而成，颗粒大小均匀，形状不一。它本身无空隙，但形状不一，颗粒之间透气性好，无菌、无毒、无化学反应。通气性好，导热快，取材容易，特别是夏季嫩枝扦插需要弥雾的条件下，多余的水分能及时排出，以防因积水引起腐烂。

（4）泥炭土　泥炭土是指在某些河湖沉积平原及山间谷地中，由于长期积水，水生植被茂密，在缺氧情况下，大量分解不充分的植物残体积累并形成泥炭层的土壤。泥炭土具有质地疏松，通气性能好，持水、保肥，含有很高的有机质、腐殖酸及营养成分和有利于微生物活动等特性，既是栽培基质，又是良好的土壤调节剂。

（5）营养土　营养土是在砂质壤土中加入氮、磷、钾等肥料经药剂或高温消毒加工而成。其保水性能、透气性能均适宜大部分植物做扦插基质，取材方便，药剂消毒操作容易，加入植物生长所需的各种养分后，是大面积扦插的首选基质。家庭少量扦插时不具备药剂消毒条件，可以在扦插前把营养土平铺在阳光下的水泥地上暴晒两天，放入花盆直接扦插，浇透水后做好遮光、保温并适量补水。

四、促进插穗生根的措施

（一）生长素处理

常用的生长激素有：α-萘乙酸（NAA）、吲哚乙酸（IAA）、

β-吲哚丁酸（IBA）、2,4-氯苯氧乙酸（2,4-D）等。这些激素能在植物的插穗上促进根系的形成，并有加速根系发展的作用。

1. 激素水剂

由于生长激素不易溶，可先用少量酒精将生长激素溶解，然后再调配成不同浓度的药液，必要时可以适度提高溶液温度促进激素溶解。**将已剪好的插穗捆成小捆，使下切口处在一个平面上，然后将插穗基部浸泡在激素溶液中约2厘米。**浸泡时间与插穗木质化程度和激素溶液浓度有关，一般木质化程度越高，所需激素溶液浓度越高，浸泡时间越长。

2. 激素粉剂

实际操作中粉剂处理插穗比较方便，将插穗下端切口蘸上粉剂直接扦插，插条、土壤水分使生长激素缓慢溶解并被插穗组织吸收。由于粉剂在土壤中缓慢溶解和吸收，所以，粉剂的使用浓度可略高于水剂，但也要根据扦插基质和插穗具体情况不同而不同。

（二）药物处理

除了直接促进插穗生根、育根的植物生长激素外，还有其他药物在扦插工作中间接起到了促进根系发育的作用。例如，月季秋季扦插时，用0.1%的高锰酸钾溶液浸泡插穗进行消毒处理。经浸泡后的插穗呼吸作用加强，内部营养转化加速，使插穗更易生根。

各种树木对不同化学试剂的处理反应是不同的，适宜的溶液浓度及处理时间也不一样，如浓度过高或处理时间过长，都会使插穗受到药害，所以在使用时进行试验，在此基础上确定适宜的处理浓度和时间。

（三）营养处理

有些植物体制作的插穗，生根后才能够自主吸收养分。生根前其内部营养成分不能满足需求时，用维生素、葡萄糖、果糖及尿素等按照一定比例配制溶液浸泡插穗，可促进插穗生根。单用营养物质促进扦插生根应不理想，与生长激素配合使用效果显著。

（四）低温处理

将硬枝放在0～5℃的低温条件下冷藏一定的时期（一般不少于少40天），人为干预植物提早进入休眠状态，促使枝条内的抑制物质转化，扦插后有利于生根。

（五）增温处理

春季由于气温高于地温，在露地扦插时容易形成先萌芽展叶后生根的现象，使插穗水分失衡以致降低插芽成活率。为此，利用带有可升高温度装置的插床来提高生根速度。在生产实践中比较原始又有效果的方法是：扦插前约一个月，将插穗小捆插在用马粪制成的温床中，当基质温度达到25℃左右，经过约20天，插穗愈伤组织基本形成，此时室外地面温度也已经升高，再进行露地扦插，成活率可大大提高。

通过马粪发酵升温方法控制温度具有一定难度，且不利于消毒。目前常用方法是插床铺设水管注热水或铺设电热丝等方法给插床基质增温。

倒插催根是增加插穗基部温度的一种方式，一般在冬末春初进行。这种方法是在地上挖一个宽60厘米的沟，深度依据插穗长度确定，一般高于插穗10厘米左右，将插穗基部朝上倒放入沟内，用湿沙填满空隙，并在沟面上覆盖2～5厘米的湿沙，利用春季地表温度高于沟内温度的特点，为插穗的基部愈伤组织的根原基形成创造了有利条件，从而促进生根。

（六）软化处理

软化处理又称为黄化处理。在进行插穗剪取前，用黑布或泥土等包裹枝条，阻挡阳光照射。黑暗条件下可以延迟芽的萌发和组织发育，使内部物质转换完全，达到促进根组织发育的效果。黑暗条件下经过 15～20 天剪截插穗扦插更易于成活。有些树种含有大量色素、松脂等能够抑制细胞生长活动、阻碍愈合组织形成的适宜在扦插前进行软化处理。

（七）机械处理

植物生长后期，在剪取插穗前将枝条的基部环割、刻伤或用麻绳等捆扎，有效阻断养分向下运输，使养分集中在受伤部位，休眠期到来再将枝条从基部剪下进行扦插成活率更高。

五、扦插繁殖时期

扦插应根据植物种类、生物学特性、扦插方法、地区气候条件等选择适合的扦插时期。一般草本植物对于插条繁殖的适应性较高，给以适宜的温湿度四季都可以扦插。木本植物的扦插时期，可根据落叶树和常绿树而决定。

（一）春季扦插

春季扦插一般在芽萌动前进行，北方地区 3 月中旬至 4 月下旬，有多种树木陆续开始萌芽发枝，为保证插穗营养充足，芽萌动力强，扦插前观察树种枝条上芽的变化，以芽饱满、运势待发之时扦插最佳。**春季扦插适用于北方落叶树的扦插**。

（二）秋季扦插

秋季扦插一般选择在土壤冻结前，插穗可以随制作随扦插，我国南方温暖湿润地区一般采用秋插。在北方冬季寒冷干燥，秋插容易遭受风干或冻害，一般扦插后做覆土保护或阳畦内扦插。为了解决秋季扦插越冬困难、覆土烦琐等问题，可将插条贮藏起来到春天进行扦插。

常绿树的发根需要的温度较高，因此，**南方常绿树种的扦插，一般在梅雨季节进行**。常绿树扦插适宜在第一期生长结束，第二期生长开始前剪取插穗，此时南方正处于梅雨季节，雨水充沛，湿度条件好，枝条水分平衡易于保持，扦插成活率高。

六、扦插的种类和方法

（一）扦插繁殖的种类

因截取作插穗的营养器官不同而分为枝插（茎插）、根插及叶插三大类。其中枝插在园林树木繁殖中最常用，其次是根插，而叶插则在花卉繁育中常用。

（二）扦插繁殖的方法

1. 生长期插

由于选取扦插材料的不同而有嫩枝插和叶芽插之分。**嫩枝插的方法常绿树采用较多，于5～8月进行**。采下的当年未木质化或半木质化的嫩枝后，及时用湿布包好置于冷凉处，保持插穗的新鲜状态。插穗的长度和扦插的深度均依据树种本身特性、基质条件、气候条件以及管理情况而确定。一般每个插穗有3～4个芽；节间长或扦插不易成活的树种以及气候干燥地区、扦插后粗放管理时插穗要长一些，入土的部分也要多一些，通常插入1/3～1/2；剪口一般都在节下；保留叶片1～2枚，大叶片可剪去或部分剪去，以保持插穗水分平衡；选取枝条的基部或中部截取插穗，顶梢过于幼嫩的，不易成活。**嫩枝插通常在冷床或温床内进行，插于露地时，需要以玻璃或塑料薄膜覆盖保温保湿**。但也要适时遮阴和必要的通风条件。如月季、紫薇、槭树以及常绿树茶花、珊瑚树等都可采用此办法。如图3-16所示。

图3-16 嫩枝插

叶芽插所选取的材料为带木质部的芽，随取随插，带较少的叶片，一般在室内进行。应特别注意保持温、湿度，加强管理。

2. 休眠期插

休眠期扦插常用硬枝扦插法。

(1) 长枝插　凡是插穗具有一定的长度，并保留两个芽以上的，均为长枝插。因插穗削取方式不同又分为杆插、踵状插、槌形插。

根据杆插时插穗长度、有无特殊处理等分为普通枝插、割插、土球插、肉瘤插、长竿插、漂水插、埋条插。

① 普通枝插　园林树木繁殖中最为常用的方法。一般插穗长为10～20厘米。插穗的切口要平滑，上端在芽上方1～2厘米处，下端在芽的下方。由于各种树种扦插生根的情况不同，均有其最适宜的切口部位。下部切口为平口者，生根多而分布均匀；下部切口为斜切口者，根多集生在斜口的一端，易形成偏根，但是人为增加了插穗切口和土壤的接触面积，提高了水分和养分的吸收能力。插

穗削切斜口多用于生根较慢的树种繁殖。一般植物养分以节部贮藏最多，能发育为根组织的细胞也以节附近最多，并且节部潜伏着不定芽，容易生根，故切口通常均在节的下方，近节部约1厘米处为佳。但也有少数植物在节间发根，故应由节间直插或斜插，一般插入的深度为插穗长度的1/2～2/3。凡是插穗较短的都宜直插，既避免产生偏根，又便于起苗。如图3-17所示。

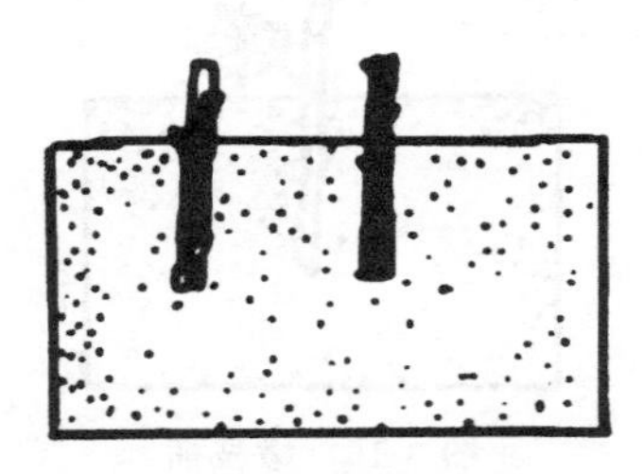

图3-17 普通枝插

② 长杆插 即用长杆扦插，插穗长度一般用50厘米，也有的长达1～2米。这种方法多用于易生根的树种繁殖。新株苗木规划相对较大，可在短期内获得大苗，有条件的地区可直接扦插在圃地，减少移植次数。

③ 割插 把插穗下部自中间劈开，切口处夹石子、陶粒等，人为加大创伤面，刺激愈伤组织生成，促进生根，增加生根面积。如桂花、山茶、梅花等生根困难树种可利用割插刺激生根。

④ 土球插 将插穗的基部先插在黏土的小泥球中，再连泥球一同插入基质中，可以更好地保持插穗水分，使插穗不易干燥。这种方法操作简单，一般用于常绿阔叶树和针叶树扦插繁殖。

⑤ 肉瘤插 肉瘤插与空中压条相似。在春季枝条即将发芽时，在选定的枝条上进行横切，深达枝条直径的1/3，伤口包覆黏土，待愈合组织基本生成后，在于其相反方向横切1/3，包覆黏土，待伤口生有肉瘤（愈合组织）时，切取扦插。这种方法手续烦琐、繁殖数量受限，一般在珍贵树种扦插时使用。

⑥ 漂水插 将插条插于水中，生根后具备主动吸水和养分能力时取出扦插，巴西木、七叶树、绿萝等可用漂水插繁殖。

⑦ 埋条插 秋季落叶后采集枝条并沙藏过冬，于次年早春平埋深约 5 厘米的沟内，埋后灌水使土壤保持湿润，当芽萌发抽枝出土达 10～15 厘米时，按一定距离进行疏苗，当年秋季切断地下老枝形成独立的新苗。也可不进行沙藏，秋季采集枝条后直接埋条，但要湿度适宜，并注意防寒越冬。埋条插因枝条长，贮藏的养分和水分较多，能够在较长时间内提供生根发芽所需养分和水，成活率较高，但存在出苗不整齐的缺点。一般用于普通扦插不易生根的树种，如毛白杨、玫瑰、楸树等。

⑧ 踵状插（蹄状插） 踵状插穗是将侧枝或分枝用手从母体上掰下，因插穗取自分枝基部，枝腋处内部贮存营养多，所以生根多而快，成活率也高。这种插穗在下部带着老枝的一部分，形如踵足，故称踵状插。这样制作插穗，每个枝条只能截取一个插穗，繁殖数量受限，适用于松柏类、木瓜、桂花等较难成活的树种。如图 3-18 所示。

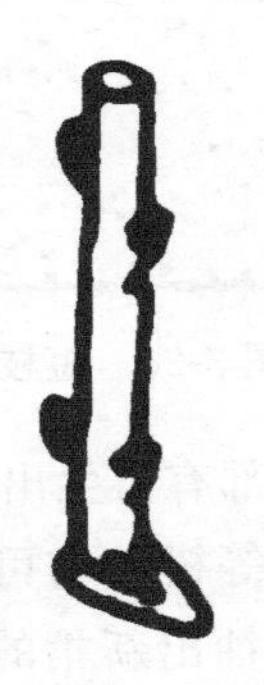

图 3-18 踵状插

⑨ 槌形插（钟锤形插） 属于踵状插的一种，基部所带老枝较多，成为槌状。依枝条的粗细确定所带老枝的长短，一般 2～4 厘米，两端削切为斜口。如图 3-19 所示。

图 3-19 槌形插

（2）短枝插（单芽插） 扦插时插穗只保留一个芽，故又称单芽插。截取的插穗短，通常不足 10 厘米，切口呈马蹄状并与芽相背。这种方法节省材料，但因插穗短小容易失水，需特别注意喷水保湿。如图 3-20 所示。

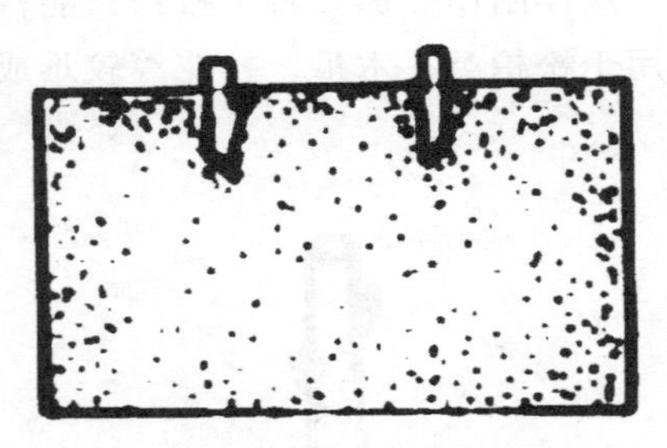

图 3-20 短枝插

（3）根插 有些植物根部有再生出新梢的能力，如刺槐、紫藤、玫瑰、山楂、凌霄、山核桃等树种均可以采用根插法繁殖。对于根系细弱，不定芽少的且较难抽出新梢的树种采用全根插（即埋根）；如根系粗壮，不定芽多易生新梢的树种可采用段根插（即播根）。把根切成 5～20 厘米长的段，撒于苗床中，覆土、灌水保湿。如刺槐进行根插繁殖时，选择粗 0.5～2.0 厘米的根，剪成 15～20 厘米长的根段，均匀散播于苗床中，然后覆土、灌水，覆盖塑料薄膜可提高成活率。有些植物扦插不易生根，可利用根插繁殖，如泡桐因枝条中空，漆树因枝条中含有白色乳汁，扦插不易成活，可采用根插繁殖。

七、扦插后的管理

1. 灌足头遍水

扦插后应灌足第一次水，一是确保插穗与基质之间无人工操作留下的空隙，二是给予插穗和基质充足的水分。

2. 保墒和松土

灌头遍水后，随时检查并用喷雾和浇水等方式保持环境和基质湿度，同时观察土壤板结情况，注意松土。

3. 保持插穗水分平衡

插穗未生根之前地上部分已长叶，应摘除部分叶片，当新苗长到 20～30 厘米时，应选留一个健壮直立的芽，其余的除去，必要时可在行间进行覆草，保持水分和防止雨水将泥土溅于嫩叶上。

4. 遮阴或喷雾保湿

硬枝扦插时，对不易生根的树种，生根需要的时间较长，应注意必要时要进行遮阴，嫩枝扦插后也应进行遮阴保持湿度。

在空气温度较高而且阳光充足的地区，可采用“全光间歇喷雾扦插床”进行扦插，即利用白天温度高、阳光充足进行扦插，用间歇喷雾装置满足扦插环境的空气湿度，保证插穗不失水萎蔫又有利于生根。如松柏类、阔叶常绿树类以及各类花木的硬枝扦插，利用这种方法均可获得较高的生根率。喷雾使空气湿度提高的同时也容易因水珠下落造成基质含水量过高，所以只能用于蛭石、粗砂等排水良好的基质。

5. 适应环境

在温室或温床中进行扦插，当生根展叶后，要逐级开窗流通空气，遮阴设备逐步取消，使其逐渐适应外界环境，然后再移至露地栽培。

第六节　秋季芽接技术

一、芽接的概念

芽接是从枝上削取一芽，将木质部剥掉后，插入砧木上做好的切口中，用塑料带绑扎，使之愈合并生长的繁殖方式。有“T”形芽接法、倒“T”形芽接法和贴接法。园林生产中适合芽接的种类很多，如榆叶梅、梅花、山茶花、碧桃等。

二、芽接时期选择和接前准备

1. 选择最佳时机

芽接宜选择生长缓慢期进行，因此时形成层细胞还很活跃，接芽的组织也已充实。通常在 8～9 月进行最佳，此时枝条内营养充分，芽饱满，成活率高。一般当年嫁接愈合，次年春发芽成苗。嫁接过早，接芽当年萌发，冬季前又不能木质化，易受冻害；嫁接过晚，砧木进入休眠期，皮不易剥离，给操作带来不便。

2. 选择健康砧木

砧木提前做好病虫害防治，防止病虫危害影响操作。为使植物营养集中供应，提前剪除砧木根部的萌蘖枝。

3. 砧木提前养护

进行芽接前如遇特别干旱天气，可提前给砧木浇水，以使植物组织水分充足，皮层更易剥离。

三、芽接操作技术

1. “T” 形芽接法

用芽接刀在砧木上横切一刀，再沿横刀中间向下垂直纵切一刀，形成“T”字形刀口。然后嫁接刀另一端骨片沿垂直口轻轻将树皮撬开，待芽。在枝条选定的芽上方 0.5 厘米处横切一刀，深至木质部，再在芽下 1 厘米处斜切与前刀口深入木质部位置交叉，将芽取下，用骨片挑除木质部，然后将芽插入砧木上“T”字形切口的皮层内，使芽穗与砧木紧贴并绑扎。如图 3-21～图 3-24所示。

图 3-21　砧木上切“T”形口

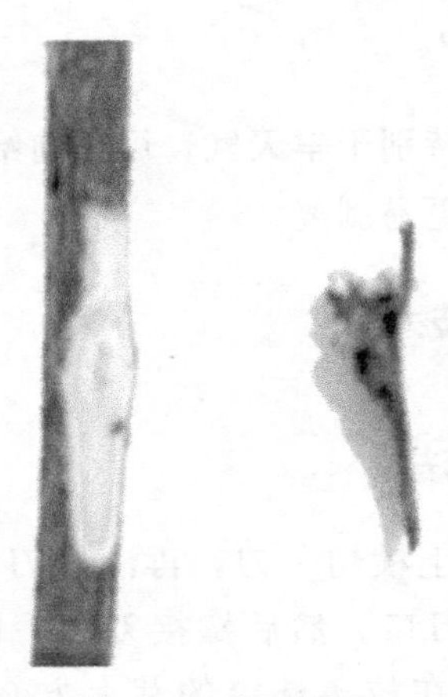

图 3-22 削取接芽

图 3-23 接芽插入砧木

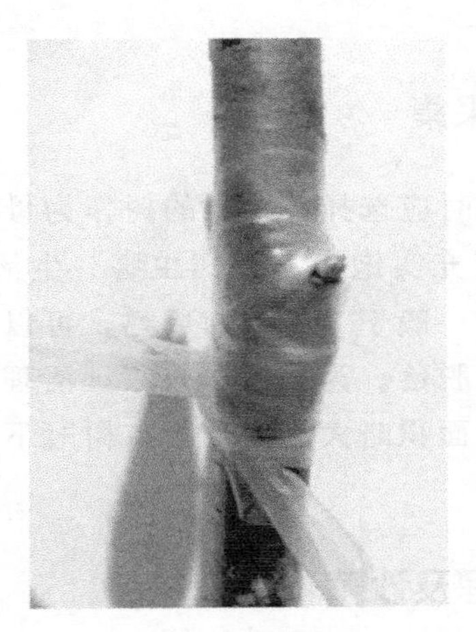

图 3-24　绑扎

2. 倒“T” 形芽接法

与“T”形芽接法砧木切口和取芽方向同时相反：沿横刀中间向上垂直纵切一刀，形成倒“T”字形刀口；取芽时在枝条选定的芽的下方 0.5～1 厘米处横切一刀，深至木质部，再在芽上方 1 厘米处向上斜切与横切刀口深入木质部位置交叉，将芽取下。

3. 贴按法

贴按法又称片状芽接法。将确定的芽连皮切成一个长方块，同时在砧木上挖去与接穗相同大小和形状的树皮，然后将接穗嵌入砧木并绑扎使之生成愈合组织。

第七节　山桃种子采集与沙藏处理技术

山桃本身可用于园林树木孤植或群植造景，同时又是榆叶梅、碧桃、梅花等嫁接繁殖时的首选砧木，在园林生产和建设中用途广泛。

一、种子的采集

山桃种子采集时应选择长势强的树作为母本树，采集后的种子通过人工筛选应充实饱满、无病虫害、生活力强且充分成熟。北京地区山桃种子一般于7月中旬成熟，可以用长竹竿敲打山桃树枝使山桃带果肉脱落。为了便于收集，清理树下地面杂草，清理面积比树冠投影面积略大为宜，或在树冠下面铺彩条布用于收集种子等。

二、种子处理及沙藏

1. 种子处理

山桃果实采集回来后，需要去除果肉。山桃果肉含糖量较高，果肉不易去除。一般采用水浸数日、人工揉搓去除果肉的方法。我国北方地区干燥多风，一般在自然条件下通过暴晒至果肉失水干燥后，用重物碾压去除果肉而获得种子。

2. 种子沙藏

种子采收后需要经过一个休眠期，再给予适当的温度和水分等条件才能萌发，因此，采集后的山桃种子需要进行层积沙藏处理。

沙藏前用清水浸泡种子48小时，每天换一次水，使其充分吸足水分并洗净杂质。浸泡后捞起并倒入500倍硫酸铜液中，浸泡15～20分钟消毒后准备沙藏。选择地势高、背阴处挖深60～80厘米、宽1米左右的深沟，在沟底铺上一层10厘米厚的粗湿沙，然后铺一层种子，再铺一层粗湿沙，厚度达到40～50厘米时，在最上层的湿沙上再覆一层土，防止湿沙被风干。

沙藏后每隔20～30天左右检查粗沙的湿度，捡除霉烂种子，同时给种子透气；待种子吸水萌动至膨胀裂口时，即可播种。

第八节 观赏树木种子采集处理技术

观赏树木指一切具有观赏价值的木本植物，其中包括各种乔木、灌木、木质藤本以及竹类等。树木种子一般分为浆果类、干果类、球果类，其中浆果类又分为浆果、核果、仁果等；干果类又分为荚果、蒴果和翅果。面对种类繁多的观赏树木种实，不能逐一详细介绍，按照果实的类别依据日常生产经验进行种子的采集和处理。

一、种子的成熟和采集

种子成熟后，种实一般能够自然脱落。由于自然脱落时间不统一，给种子的采集造成了一定困难，因此，对于不同地区不同种类的种子要掌握大致成熟时间，对于难以采集的种子在成熟且尚未脱落时人工辅助种实脱落并采集，对于采集容易的可以待种子自行脱落时人工收集。

（一）提前人工采集

具备下列特征的种子需要在自然脱落前采集。

① 形态成熟后，果实自然开裂，种子自然散落的，一般在开裂前人工采集。如杨树、柳树等。

② 形态成熟后，果实不自然开裂，但是种粒非常小，自然脱落后不易采集。如湿地松、马尾松等。

（二）延迟采集

具备下列特征的种子可在自然脱落后人工收集。

① 种实形态成熟后挂在树上不开裂，一般不脱落。如国槐、

合欢、悬铃木等。

② 成熟后立即脱落的大粒种子，可以在种子自然掉落时间较为集中时，地面收集。如壳斗科的种实。

二、种子处理技术

种子处理是为了获得纯净的、能够播种或贮藏的种子。因此，适当的种子处理技术是保障种子品质的基本工作。不同种子需要采取不同的处理方式。

（一）干果类种子处理

开裂和不开裂的干果均需清除果皮、果翅，取出种子并清除残叶等杂物。可根据种子含水量选择“阴干法”或“阳干法”将种子晾干。

1. 蒴果类

对于含水量低的种子采集后在阳光下直接脱粒，如木槿、紫薇、文冠果等。含水量较高的种子采集后在通风良好的房间或“飞花室”内风干 5～6 天，多数蒴果开裂时用柳条抽打蒴果，促使种子脱落，收集后去除杂物待用。如杨树、柳树等。“飞花室”是一个人工创造的不漏雨且通风好的晾晒种子用房，用于晾晒果穗。

2. 坚果类

坚果类一般含水量较高，在阳光暴晒下晾干易失去或降低发芽率，种子还有较高油脂和淀粉，容易被虫蛀。如板栗、槲树、榛子等，采集后人工去除虫蛀种子，直接进行沙藏处理，已经被风干或部分风干的种子不能沙藏，容易生热发霉。次年春天种子萌动前取出准备播种。

3. 翅果类

翅果类种子操作简单，采集后不用脱去果翅，清除杂物后用阴干法进行干燥即可，如元宝枫、臭椿、榆树等。

4. 荚果类

荚果类种实一般含水量较低，如刺槐、皂荚、合欢等采用“阴干法”。荚果采集后风吹和暴晒 3～5 天，荚果自然开裂，种子掉落。有些荚果不开裂，需人工用棍棒敲打或碾压促使荚果碎裂，直至种子掉落，去除杂物后得到纯净种子，阴干至种子含水量适宜保存。

5. 蓇葖果类

蓇葖果类一般采集后直接晾晒、清理并贮藏，播种季节进行种子消毒直接播种即可，如绣线菊、珍珠梅、牡丹等。蓇葖果中的玉兰比较特殊，玉兰种子采集后稍进行阴干后直接播种，如不能及时播种需要层积贮藏。

（二）肉果类种植种子处理

肉果类植物又分为核果、仁果、浆果和聚合果。这类植物果和花托为肉质，含糖量较高，处理不及时容易腐烂。这类种子采集后一般用水浸泡数日去除果肉，有些可直接揉搓去除果肉获得种粒，去除杂物后用“阴干法”晾干后贮藏。播种时，种壳坚硬的可提前温水浸泡促芽，水温一般不超过 45℃，待种子微微张裂进行播种。如银杏、樱桃、山桃等。

有些果实能够进行食品加工，可在产品加工时获得种子。如苹果、梨、桃等。种子处于 45℃以上时发芽力将会大幅降低，因此，种子在进行冷处理时获得种子最佳。肉质果中获得的种子含水量较高，应在种子采集后立即放在通风良好的阴棚下晾 5～10 天，并注意经常翻动种子，避免发霉腐烂。当种子含水量达到要求时即可贮藏或播种。

（三）球果类种子处理

针叶树种子多含在球果中，自然和人工辅助球果开裂获得种子。油松、云杉、侧柏等球果采集后，暴晒5～10天，鳞片开裂种子自然脱落。未及时开裂的用棍棒敲打，种子即可脱落。

有些球果含大量松脂，暴晒不易开裂。一般用2%～3%的草木灰水加90～100℃开水浸泡球果3～5分钟，然后用稻草盖住，每天翻动并保持湿润，一般一周后可成功脱脂。脱脂后，放置阳光下暴晒，球果可开裂并获得种子。

自然干燥法处理的球果，一般不会受高温影响发芽率。由于天气原因自然干燥经常不能满足要求，有些地区需要将球果人工加热干燥处理。由于树种不同，其种子耐受温度不同，在处理时要根据实际经验或提前进行试验，确定合适的干燥温度。

第九节　苗木假植技术

在园林工程施工过程中，由于施工现场苗木需求时间与苗木运输时间不能完全对接，即苗木起出后不能及时栽种，为防止根系失水而采取的一项辅助措施。或是苗圃购进一批苗木后，预计植树季能够被施工工地于近期全部用完，不必费工费时植入苗圃等情况时，常常需要对苗木进行假植。苗木假植技术是否到位，直接影响苗木种植后活率高，如果操作得当，假植苗木还能够明显好于不假植的苗木。

一、苗木假植概念

用湿润的土壤对苗木根系进行适当埋土临时种植处理的方式称

为苗木假植。

二、苗木假植的分类

苗木假植可分为临时假植和越冬假植两种类型。

（一）临时假植

对假植时间不宜长的苗木可进行临时假植。方法是选背阴、排水良好的地方挖一假植沟，沟深、沟宽和沟长度依据假植苗木规格和数量而定。将假植苗木成捆或顺序排放在沟内，为了便于埋土操作，苗木可以适当倾斜摆放。埋土时根据苗木情况最好是分层操作，用较细的湿壤土覆盖苗木根系和苗茎的下部10～15厘米，踩实并确保防透风和失水。

（二）越冬假植

越冬假植适用于越冬困难的苗木。秋季起苗，通过假植达到安全越冬的目的。在土壤冻结前，选背阴、背风、排水良好的地方挖一条假植沟，沟的深度一般是苗木高度的1/2，长度根据假植苗木数量可增加。**假植沟的起点一般用铁锹削成45°角的斜坡，假植沟深度依据越冬树木的高度确定**，越冬树木顺斜坡摆放后，埋土达到树木高度的1/3～2/3即可。苗木靠在斜坡上，整齐排放一层苗木，埋一层土，**要将根系全部埋入土内，踩实**，使根系与土壤紧密相接。假植沟的土壤如果干燥时，假植后需要适当灌水，沟内土壤湿度以其最大持水量的60%为宜。**用于假植的填埋根系的土壤内不能夹杂草、落叶等杂物，防止杂物深埋发酵生热而伤害根系**，影响苗木的生活力。

三、假植沟位置的选择

假植沟位置应遵照以下方法选择：

① 选在背风处，防止大风抽条；

② 选在背阴处，防止春季光照加强后种植前芽苞过早萌动，影响成活；

③ 选在地势高、排水良好的地方，防止冬季降水造成沟内积水；

④ 越冬假植苗木如早春不能及时栽种，可用芦席或其他遮盖物遮阴降低温度，推迟苗木发芽时间。

四、苗木假植的注意事项

假植时小型苗木如小叶女贞、大叶黄杨、紫叶小檗等按照每百株、每千株做上标记，便于统计和起用。大型苗木标记单元可以更小，以二十株、五十株做标记。

尽量做到随起苗随假植，减少根系在空气中的裸露时间，保持根系原有保水量，提高苗木假植的效果。

第十节 风障搭建技术

我国北方冬季寒冷干燥，春季风大，新种植的树木和越冬有困难的苗木都需要采取有效的防寒措施。利用木棍、竹竿、钢管以及彩条布或席子等材料，以阻挡寒风、改善局部小气候、减少水分蒸发，保证苗木安全越冬的技术称为风障越冬。生产实践中，风障搭建时使用的支撑物有很多种，如钢管、木棍、竹片等。

一、钢（铁）管风障

一般用于大型常绿树木种植第一年保护，苗木规格较大，当年栽植后因为根系并未完全恢复好，耐寒能力较差；有些是局部气候条件较差（风口、周边没有任何建筑遮挡等），树木种植数年后越冬仍有困难的树木，如雪松种植在北方空旷林地需要每年搭建风障。

（一）孤植树木风障搭建

选择三根高于树木 70 厘米的钢管作为风障的竖向支撑，六根长度大于植物冠幅 50～100 厘米的钢管作为风障水平向支撑，在需要风障保护的树木外围地面上用三根水平支撑的钢管做好正三角形，三根竖向支撑用管卡与地面上钢管相连固定，竖向支撑钢管插入地下 50 厘米左右。然后顶部用再用三根钢管连接并固定，风障大骨架完成。三根竖向钢管形成的三面中，其中一面作为风障的就把一面正向迎着风向并挂芦席或彩条布即可。如果是三面中两面围挡，就把围挡的交叉角迎着风向，与交叉角相连的两面挂芦席或彩条布。挂芦席和彩条布的面需要在中间用钢管打十字交叉支撑或是平行支撑，并与芦席或彩条布用细铁丝固定，避免冬季被大风吹散吹烂。如图 3-25 所示。

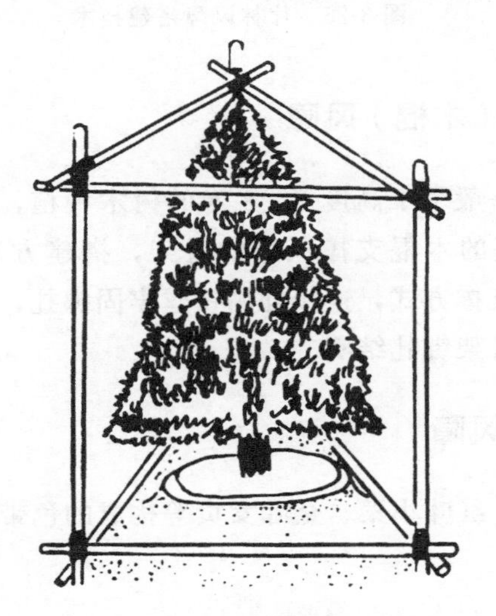

图 3-25 孤植树木风障搭建

（二）片林风障搭建

大面积林木种植需要搭建风障时，一般在林地的迎风面做一条带状屏障，屏障略带弧度，能够很好地疏解风速。为了保障带状风障稳固，通常在迎风面和背风面斜度支撑钢管，迎风面支撑加密。如图 3-26 所示。

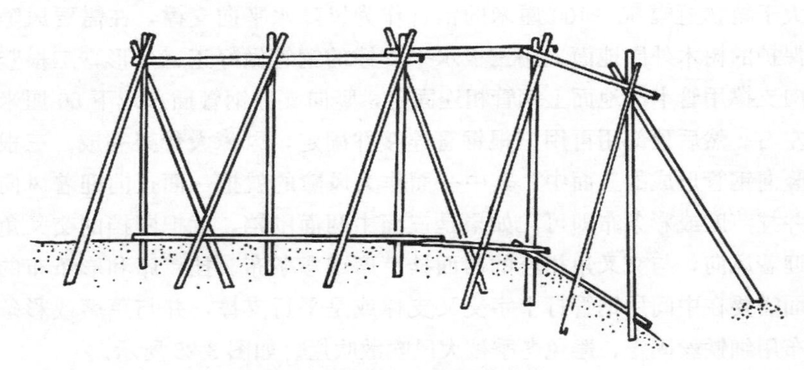

图 3-26 片林风障搭建技术

二、架杆（木棍）风障

架杆风障一般用于高度 2～3 米的树木种植，选择直径 100～120 毫米的通直的木棍支撑风障的骨架，搭建方法与钢管风障一样，采用三角支撑方式，连接处用铁丝牢固绑扎，然后用彩条布或芦席围挡并与骨架绑扎结实。

三、竹片风障

大叶黄杨、红叶小檗、金叶女贞等构成的色带冬季通常需要进行防寒处理。

1. 绿篱风障

宽度和高度都不大于 80 厘米的绿篱，可用宽 3 厘米左右柔韧性较好的竹片，两头削尖，交叉插于绿篱两侧土壤中，形成拱形支撑，顶部和侧面距植株 10 厘米左右，竹条插入土中深度为 5～6 厘米，上面用彩条布覆盖，用尼龙绳将彩条布与竹片绑扎，四周围用土压实。这种风障搭建方式操作简单，省时省工，春季便于拆除。

2. 色带风障

成片栽植的色带需根据面积和高度选取支撑物，一般选取 3～5 厘米粗的木棍，一头削成楔形，高度以高于防寒苗木 60～80 厘米为宜。其中 20～30 厘米高于树木顶部留出空间，支撑色带边缘的木棍下部深埋土中 40～50 厘米，每隔 1.2～2 米做一根立杆，相邻立杆之间用竹竿横向连接，使整个风障骨架牢固。外围立面至少三道竹竿，最上面的要与立杆顶部相连，最下面的一道尽量接近地面，然后用彩色布覆盖在风障骨架上，将彩色布抻舒展并用尼龙绳与骨架绑扎结实，地面一侧留出 20～30 厘米宽彩条布，用土压实。

第四章 园林建筑施工技术

04 Chapter

第一节　园路的铺装技术

不管修建什么路，都需要设计，都需要有物料，都需要作基础。园路的形式设计在本书中不再叙述，物料在每种园路中所用各不相同，在以下内容中作简要介绍。作基础是所有园路要首先做的，因此把园路基础单独加以介绍。

一、园路基础

1. 划线开槽

划线开槽就是在要修建的园路地面上用白灰拉线撒线，撒线的范围要大于所铺园路的宽度和长度 30～50 厘米，若园路有高低起伏，也要同样撒线。开槽就是将划线范围内的土方用挖掘机或人工挖出，开槽的深度与园路的等级或宽窄有关。一般等级越高越宽，开槽越深；等级低且窄的，则浅，同时也与当地的土质基层有关。一般园路的开槽深度不超过 100 厘米，大部分的深度在 50～80 厘米左右，个别的深度也在 30～40 厘米。开槽深度内 10～20 厘米底土不需挖出，可等待与三七灰土混合。

2. 雨水井管的铺砌

开槽后要先铺设下水的雨水管，一般为水泥管，其直径以达到设计要求为准，漏水井以能排除地面最大积水为准，管道和漏水井要施工完毕。

3. 三七灰土夯实

开槽完成后将白灰撒入沟中与土混拌均匀，按照30%白灰兑70%底土的比例掺匀，一层完不成再来一层，按照80厘米深开槽，三七灰土占一半，实深要达到40厘米。掺好的三七灰土用压路机反复压实，或人工夯实。需达到每平方厘米200千克以上的抗压强度。在压实前，若底土干燥要补充水分，用水车洒水，若底土太湿则需要放水，或排水以后放水，即晒一晒让水分蒸发。

4. 碎石垫层夯实

高等级园路为防止其路基变形、塌陷，要铺设10～15厘米的碎石垫层，用以加强路基的强度，一般都为碎石和土的混合料，铺撒后用压路机或人工木夯夯实。抗压强度应达到每平方厘米200千克以上。

5. 素混凝土垫层

素混凝土垫层是用水泥与石子混拌而成的，混拌的含水率不能太高，干混的要用压路机压实，湿混的要粗抹平。抗压强度应达到每平方厘米300千克以上。

6. 砂浆结合层

砂浆结合层就是水泥与中砂或细砂混拌的砂浆，用砂浆与铺装物或铺装层结合形成路面，砂浆结合层厚度一般5～10厘米，砂浆层与铺装层结合的厚度要达到所设计的地面高度，砂浆结合层可以调整它的厚度，以适应路面的高度。

7. 铺装层（各种不同形式园路）

根据园路铺地形式及园路面层铺装材料的不同，可以分为彩色混凝土压模园路、花岗石园路（碎花岗石拼铺园路）、水泥砖园路、青砖园路、鹅卵石园路、木铺地园路、植草砖铺地、透水砖铺地等。有些园路由各种不同的材料混合铺装。

下面介绍几种常用的园路铺装层铺装技术。

二、彩色混凝土压模园路的铺装技术

1. 物料准备

铺装层物料准备如下：高标号水泥或普通水泥均可，园路路牙模板或挡板，固定铁钎，或已经砌完路牙砖，中砂或细砂，水泥色彩添加剂，印花模具或模型。

2. 施工技术

彩色混凝土压模园路的面层为混凝土，地面采用水泥耐磨材料铺装而成，它是以硅酸盐水泥或普通硅酸盐水泥、耐磨骨料为基料，加入适量彩色添加剂组成的干混材料园路。

（1）铺设混凝土　园路基础施工完成后，铺设混凝土10厘米，并振动压实抹平混凝土表面。

（2）覆盖第一层彩色水泥添加剂（粉）　按照设计的色彩颜色，将彩色水泥添加剂与水泥混合，搅拌均匀，铺设在混凝土表面，并压实抹平彩色表面。

（3）洒脱模粉压模成型　彩色混凝土压模园路的面层施工技术直接影响到园路的最终质量。彩色混凝土一般采用现场搅拌、现场浇捣的方法，平板式振捣机进行振捣，直接找平。在混凝土即将凝结前，用专用模具或模型压出花纹。彩色混凝土应一次配料、一次浇捣，避免多次配料而产生色差。彩色混凝土压模园路的花纹是根据模具而成型的，因此模具应按施工图的要求而制作。

在彩色水泥层或混凝土层还未干的情况下，先撒一薄层彩色水泥添加剂粉，为的是好脱模，将印花模具或模型放到彩色水泥面上，按压下去，并且有一半要陷入水泥中，成型后取出，再做下一个印花。

（4）养护　印花完成后，等待水泥稍干，即可进入养护阶段，主要是用细喷壶洒水，一般要养护一周才能交付使用。

（5）交付使用　撤掉路牙挡板，水洗清扫路面，即可交付使用。

三、花岗石园路的铺装技术

1. 物料准备

园路基础见前述内容，铺装层物料准备如下。

花岗石板材的选择，园路铺装前，应按施工图纸的要求选用花岗石板板材，少量的不规则的花岗石板材应在现场进行切割加工。先将有缺边掉角、裂纹和局部污染变色的花岗石挑选出来，完好的则进行套方检查，规格尺寸如有偏差，应磨边修正。有些园路的面层要铺装成花纹图案的，挑选出的花岗石应按不同颜色、不同大小、不同长扁形状分类堆放，铺装拼花时才能方便使用。

对于呈曲线、弧线等形状的园路，其花岗石按平面弧度加工，花岗石按不同尺寸堆放整齐。对不同色彩和不同形状的花岗石进行编号，便于施工。

其他机具材料，如石材切割锯、角磨机、高标号水泥、中砂、橡皮锤等施工机具。

2. 找平拉线

在花岗石块石铺装前，应先进行找平、拉线，拉线后应先铺若干条干线作为基线，起标筋作用，若铺设有起伏路面，或扇形加宽，要设计好坡降比例，或扇形弧点，定点拉线。按线施工，砖线与拉线平行。

3. 铺筑

铺贴之前花岗石板还应泼水润湿，阴干后备用。

在找平层上均匀铺一层水泥砂浆，随刷随铺，用2～3厘米厚，1∶3水泥砂浆作黏结层，花岗石板安放后，用橡皮锤敲击，既要达到铺设高度，又要使砂浆黏结层平整密实。对于花岗石板进行试拼，查看颜色、编号、拼花是否符合要求，图案是否美观。对于要求较高的项目应先做一段样板，符合要求后再进行大面积的施工。同一块地面的平面有高差，比如台阶、水景、树池等交汇处，在铺装前，花岗石板应进行切削加工，圆弧曲线应磨光，确保花纹图案标准、精细、美观。花岗石铺设后采用彩色水泥砂浆勾缝，在砖面洒水，保证在硬化过程中所需的水分，保证花岗石与砂浆黏结牢固。养护期3天之内禁止踩踏。花岗石板板面应洁净、平整、斧凿面纹路清晰、整齐、色泽一致，铺贴后表面平整，斧凿面纹路交叉、整齐美观，接缝均匀、周边顺直、镶嵌正确，板块无裂纹、掉角等缺陷。

砖缝保留3毫米，以便更换碎砖和防止砖的热胀冷缩挤压变形。

四、水泥砖园路的铺装技术

（一）物料准备

园路基础见前述内容，铺装层物料准备如下。

1. 水泥砖

水泥砖是以优质色彩水泥、砂，经过机械拌合成型，充分养护而成，其强度高、耐磨、色泽鲜艳、品种多。水泥砖表面还可以做成凸纹和圆凸纹等多种形状。水泥砖园路的铺装与花岗石园路的铺装方法大致相同。水泥砖由于是机械制作，色彩品种要比花岗石板多，因此在铺装前应按照颜色和花纹分类，有裂缝、掉角、表面有缺陷的面砖，应剔除。

2. 水泥

使用 325 号或 425 号水泥都可。

3. 中砂

直径为 1～3 毫米的干净砂子。

4. 石材锯

装修用石材锯。

5. 水平拉线

粗小线、细小线均可。

6. 橡皮锤

7. 水平尺

（二）铺装技术

1. 铺好水泥浆

按地面标高留出水泥面砖厚度做灰饼，铺 1∶3 水泥砂浆，找平，厚度约为 3 厘米，刮平时砂浆要拍实、拉毛并浇水养护。

2. 拉线预铺

在找平层上拉定位十字中线，按设计图案预铺设水泥砖，砖缝顶预留 3 毫米，按预铺设的位置用墨线弹出水泥砖四边边线，再在边线上画出每行砖的分界点。铺砖前，应先将面砖浸水 2～3h，再取出阴干后使用，铺设完十字线的水泥砖。

3. 水泥砖的铺装

水泥砖背面要清扫干净，并事先用水浸泡。铺砖时先刷出一层水泥灰浆，随刷随铺，就位后用橡皮锤凿实。注意控制黏结层砂浆厚度，尽量减少敲击（图 4-1）。在铺贴施工过程中，如出现非整砖时用石材切割机切割。

图 4-1 水泥砖铺路

水泥砖的铺设应在砂浆凝结前完成。铺贴时，要求面砖平整、镶嵌正确。施工间歇后继续铺贴前，应将已铺贴的砖挤出的水泥混合砂浆予以清除。

4. 勾缝或填缝

水泥砖在铺贴1～2天后，用1∶1稀水泥砂浆填缝或勾缝。砖面上溢出的水泥砂浆在凝结前予以清除，待缝隙内的水泥砂浆凝结后，再将面层清洗干净。完成1～3天浇水养护即可交工。

五、青砖园路的铺装技术

1. 物料准备

园路基础见前述内容，铺装层物料准备如下。

青砖园路铺装前，应按设计图纸的要求选好青砖的尺寸、规格。先将有缺边、掉角、裂纹和局部污染变色的青砖挑选出来，完好的则进行套方检查，规格尺寸有偏差，应磨边修整。在青砖铺设前，应先进行拉线，然后按设计图纸的要求先铺装样板段，特别是铺装成席纹、人字纹、斜柳叶、十字绣、八卦锦、龟背锦等各种面层形式的园路，更应预先铺设一段，看一看面层形式是否符合要求，然后再大面积进行铺装。

其他物料已在前有述，此处不再赘述。

2. 铺装技术

（1）垫层　施工中应做好标高控制工作，碎石和素混凝土垫层的厚度应按施工图纸的要求去做，砂石垫层一般较薄，有些具有透水性（图4-2）。

（2）弹线预铺　在混凝土垫层上弹出定位十字中线，按施工图标注的面层形式预铺一段，符合要求后，再大面积铺装。

（3）铺路牙砖、青砖　路牙砖相当于现代道路的侧石，因此要先进行铺筑，用水泥砂浆作为垫石，并加固。青砖之间应挤压密实，拉线铺平，也可留3厘米砖缝，做透水铺装的砖下垫沙找平，

图 4-2　青砖园路基础

铺装完成后，用细灰扫缝（图 4-3）。

图 4-3　铺完的青砖园路

六、鹅卵石园路的铺装技术

1. 物料准备

鹅卵石是指1～4厘米形状圆滑的河川冲刷石。用鹅卵石铺装的园路看起来稳重而又实用，且具有江南园林风格。这种园路也常作为人们的健身路径。完全使用鹅卵石铺成的园路往往会稍显单调，若在鹅卵石间加几块自然扁平的切石，或少量的彩色鹅卵石，就会出彩许多。铺装鹅卵石路时，要注意卵石的形状、大小、色彩是否调和。特别在与切石板配置时，相互交错形成的图案要自然，切石与卵石的石质及颜色最好避免完全相同，才能显出路面变化的美感。

2. 铺装技术

清洗干净鹅卵石，施工时，因卵石的大小、高低各不相同，为使铺出的路面平坦，必须在路基上下功夫。先将未干的砂浆填入，再把卵石及切石一一填下，鹅卵石呈蛋形，应选择光滑圆润的一面向上。在作为庭院或园路使用时，一般横向埋入砂浆中；在作为健身径使用时，一般竖向埋入砂浆中，埋入量约为卵石的2/3，这样比较牢固。较大鹅卵石埋入砂浆的部分要多些，以使路面整齐，且高度一致。切忌将卵石按最薄一面平放在砂浆中，将极易脱落。摆完卵石后，再在卵石之间填入稀砂浆，填充实后就基本完成了。卵石排列间隙的线条要呈不规则的形状，不可做成十字形或直线形。此外，卵石的疏密也应保持均衡，不可部分拥挤、部分疏松。如果要做成花纹则要先进行排版放样再进行铺设。

鹅卵石地面铺设完毕应立即用湿抹布轻轻擦拭其表面的灰泥，使鹅卵石保持干净，并注意施工现场的成品保护。

基础层的做法与一般园路基层做法相同，但是因为其表面是鹅卵石，黏结性和整体性较差，所以如果基层不够稳定则卵石面层很可能松动剥落或开裂，所以整个鹅卵石园路施工中基层施工也是非常关键的一步（图 4-4）。

图 4-4　鹅卵石路面

七、木铺地园路的铺装方法

1. 物料准备

木铺地园路是采用木材铺装的园路。在园林工程中，木铺地园路是室外的人行道，面层木材一般采用耐磨、耐腐、纹理清晰、强度高、不易开裂、不易变形的优质木材。

一般木铺地园路做法是：素土夯实→碎石垫层→素混凝土垫层→砖墩→木格栅→面层木板。从这个顺序可以看出，木铺地园路与一般块石园路的基层做法基本相同，所不同的是增加了砖墩及木格栅。

木板和木格栅所用木材的含水率应小于12%。木材在铺装前还应做防火、防腐、防蛀等方面的处理。

2. 铺装方法

（1）砌筑砖墩 一般采用标准砖、水泥砂浆砌筑，砌筑高度应根据木铺地架空高度及使用条件而确定。砖墩与砖墩之间的距离一般不宜大于 2 米，否则会造成木格栅的端面尺寸加大。砖墩的布置一般与木格栅的布置一致，如木格栅间距为 150 厘米，那么砖墩的间距也应为 150 厘米，砖墩的标高应符合设计要求，必要时可以在其顶面抹水泥砂浆或细石混凝土找平。

（2）搭建木格栅 木格栅的作用主要是固定、承托面层。如果从受力状态分析，它可以说是一根小梁。木格栅断面的选择，应根据砖墩的间距大小而有所区别。间距大，木格栅的跨度大，断面尺寸相应地也要大些。木格栅铺筑时，要进行找平。木格栅安装要牢固，并保持平直。在木格栅之间要设置剪刀撑，设置剪刀撑主要是增加木格栅的侧向稳定性，将一根根单独的格栅连在一体，增加了木铺地园路的刚度。另外，设置剪刀撑，对于木格栅本身的翘曲变形也起到了一定的约束作用。所以，在架空木结构中，格栅与格栅之间设置剪刀撑，是保证质量的构造措施。剪刀撑布置于木格栅两侧面，用铁钉固定于木格栅上，间距应按设计要求布置。

（3）面层木板的铺设 木板主要采用铁钉固定，即用铁钉将面层板条固定在木格栅上。板条的拼缝一般采用平口、错口。木板条的铺设方向一般垂直于人们行走的方向，也可以顺着人们行走的方向，这应按照施工图纸的要求进行铺设。铁钉钉入木板前，应先将钉帽砸扁，然后再钉入木板内。用工具把铁钉钉帽捅入木板内 3～5 毫米。木铺地园路的木板铺装好后，应用手提刨将表面刨光，然后再由漆工师傅进行砂、嵌、批、涂刷等涂装工作（图 4-5、图 4-6）。

图 4-5 架空木铺地

图 4-6 平铺木铺地

八、植草砖铺地

1. 物料准备

植草砖铺地，是在砖的孔洞或砖的缝隙间种植青草的一种铺地方式。如果青草茂盛，那么这种铺地看上去就像是一片青草地，且平整、地面坚硬。有些可作为停车场的地面。铺地的砖石可以是水泥方砖、水泥二孔砖、石板、毛石或人造石墩等。

2. 铺装方法

植草砖铺地的基础层做法与其他铺地可有所不同，三七灰土夯实、碎石垫层、混凝土垫层，与一般的花岗石道路的基层做法相同，不同的是在植草砖铺地中，砖石下有细砂层，厚度要达到10厘米以上，主要是为草坪的生长而加铺。

植草砖铺地做法的关键在于面层植草砖的铺装。现有许多种类的植草砖，应按设计图纸的要求选用。目前常用的植草砖有水泥制品的二孔砖，也有无孔的水泥小方砖、规则毛石、不规则毛石、自然石等。植草砖铺筑时，砖与砖之间留有间距，一般为50毫米左右，在此间距中，撒入种植土，再拨入草籽。目前也有一种植草砖格栅，是一种有一定强度的塑料制成的格栅，成品格栅规格是50厘米×50厘米一块，将它直接铺设在地面上，再撒上种植土，种植青草后，就成了植草砖铺地。疏松植草砖铺地，就是将大块的毛石直接铺于地上，石下垫实水泥砂浆，起到稳固的作用，石块与石块之间距离不超过30厘米，可以直线砌筑，也可以曲线砌筑。

九、透水砖铺地

1. 物料准备

由于多年使用自然石或高密度路石，其透气性和透水性都非常差，降水不能渗入地下而从地面流走。在北方严重缺水的情况下，为了树木的生长，且能充分利用降水补充地下水的不足，随着园林绿化事业的发展，有许多新的材料应用在园林绿地和公园建筑中，透水砖就是一种新颖的砖块。透水砖的功能和特点如下所述。

（1）制砖材料 所用原料为各种废陶瓷、石英砂、石米、废矿渣、炉渣、灰渣等。这些材料与黏结剂比例混合，在高温高压下成型，制成各种各样的透水砖。透水砖里面全是小孔隙。

（2）透水性能 透水砖的透水性、保水性非常强，透水速率可以达到5毫米/秒以上，其保水性达到12升/平方米以上。由于其良好的透水性、保水性，下雨时雨水会自动渗透到砖底下直到地表，部分水保留在砖里面。雨水不会像在水泥路面上一样四处横流，最后通过地下水道完全流入江河。天晴时，渗入砖底下或保留在砖里面的水会蒸发到大气中，起到调节空气湿度、降低大气温度、减轻城市“热岛效应”的作用。

良好透水性及保水性是因为透水砖含有20%左右的气孔率，且砖的强度可以满足载重为10吨以上的汽车行驶。

2. 铺筑方法

透水砖的基层铺法是：素土夯实→碎石垫层→砾石砂垫层→1∶3干拌黄沙→透水砖面层。

透水砖的铺筑方法同花岗石块的铺筑方法，由于其底下是干拌黄沙，因此比花岗石铺筑更方便些。

第二节 花坛的砌筑技术

一、花坛

1. 花坛概念

花坛是将多种花卉或不同颜色的同种花卉，集中栽种在特定的围挡中或一定范围的畦地上，使其发挥群体美的一种布置方式。它们大多设置在公园内或大型建筑物的前面、绿地中心和道路两旁等处，虽占地不多，但对美化环境、活跃气氛、提高绿化效果，有着突出的作用，是花卉应用于园林绿化的重要形式。它是公园、广场、街道绿地以及工厂、机关、学校等绿化布置中的重点。

2. 花坛的种类

花坛的种类可根据花坛的形状、性质、布置方式、植物材料、观赏季节等特点进行分类。如根据花坛的形状可分为圆形花坛、多边形花坛、带状花坛、平面花坛和立体花坛、多层立体花坛等；根据植物材料可分为灌丛花坛、宿根植物花坛、一二年生草花花坛、球根花坛、五色草花坛等；根据布置方式的不同，分为临时花坛与永久花坛两种。

3. 花坛的设置

花坛的设置主要根据当地的环境，因地制宜地设置。一般设置在主要交叉路口、公园出入口、主要建筑物前以及风景视线集中的地方。花坛的大小、外形结构及种类的选择，均与四周环境有关系。一般在公园出入口应设置规则整齐、精致华丽的花坛。在主要交叉路口或广场上则以鲜艳的花丛花坛为主，并配以绿色草坪提升效果。纪念馆、医院的花坛则以严肃、安宁、沉静为宜。花坛的外形应与四周环境相协调。如长方形的广场设置长方形花坛就比较协调，圆形的中心广场又以圆形花坛为好，三条道路交叉口的花坛，设置马鞍形、三角形或圆形均可。

二、物料准备

一般围挡花坛所需水泥、细砂、水泥砖、泥土砖、石米、瓷砖、白水泥等，复杂的多层立体花坛需要钢筋。

三、砌筑技术

1. 地基基础

（1）抄平确定正负零线　为了保证花坛的整体水平线不失平，要用水准仪抄平，钉木桩，同时确定地面水平线，也叫正负零线，把正负零线画在木桩上。其也是花坛的地上与地下的分界线。

（2）开挖地基沟槽　根据花坛设计图的形状，一边或双边宽20～30厘米开槽挖沟，沟深一般要在冻土层以下，没有冻层的一般要挖到50～60厘米，多层立体花坛要挖到100厘米左右，防止地基变形花坛开裂。挖出的土可以向花坛中堆放，待砌完花坛后作为回填用土。

（3）三七灰土夯实　把白灰粉撒入沟中与沟土混合均匀，用打夯机夯实，厚度要达到20厘米以上，如果沟中有水，要先把水抽干或放几天，待水分下降到30%以下时进行夯实。

（4）碎石垫层夯实　将碎石填入沟中，填一层夯实一层，每层10厘米厚，碎石垫层一般要达到20厘米厚。

（5）混凝土垫层　将碎石、中砂、水泥按相同比例混合，搅拌成砂浆，浇注在沟槽中，厚度一般要达到10厘米以上，并且找平，待其凝固48小时后，可以砌筑墙体砖石。

2. 砌筑花坛

（1）墙体砌筑　拉上角桩水平线，按线砌墙，用水泥砂浆砌筑墙砖，普通花坛宽为24厘米墙，立体多层花坛宽为37厘米墙，墙砖缝1厘米。砌筑到设计高度，水泥砂浆找平。

异形多层立体花坛弧线多，可采用钢筋先做成铁模板呈弧线形支撑摆放好后，按照形状砌砖，即可完成复杂图形砖墙的砌筑。

（2）外墙体贴砖　现代花坛都讲究美观漂亮，外墙或许会贴瓷砖，采用细砂水泥砂浆贴瓷砖，直线形的可拉上经纬线贴砖，弧线形的按弧点拉经线贴砖，砖缝0.5厘米左右。白水泥勾缝。

（3）养护 花坛（图4-7）施工完成后，不能马上填土使用，要保养三天后才能使用。

图4-7 花坛、树坛

第三节 水池的砌筑技术

一、水池概况

水池在城市园林中可以改善小气候条件，又可美化市容，起到重点装饰的作用。水池的形态种类很多，其深浅和池壁、池底的材料也各不相同。规则方正之池，显得气氛肃穆庄重；而自由布局、复合参差跌落之池，可使空间活泼、富有变化。池底的嵌画、隐雕、水下彩灯等手法，使水景在工程的配合下，无论在白天或夜晚都能呈现各种奇妙景观。水池设计包括平面设计、立面设计、剖面设计及管线设计。水池的平面设计主要是显示其平面及尺度，标注出池底、池壁顶、进水口、溢水口和泄水口，种植池的高程和所取剖面的位置。水池的立面设计应反映主要朝向各立面的高度变化和立面景观。水池的剖面设计应有足够的代表性，要反映出从地基到池壁顶层各层材料厚度。

二、物料准备

按水池材料分，多有混凝土水池、砖水池、柔性结构水池。材料不同、形状不同、要求不同，设计与施工也有所不同。园林中，水池可用砖石砌筑，具有结构简单，节省模板与钢材，施工方便，造价低廉等优点。

近年来，随着新型建筑材料的出现，水池结构出现了柔性结构，以柔克刚，另辟蹊径。目前在工程实践中常见的水池类型有混凝土水池、砖水池、玻璃布沥青水池、再生橡胶薄膜水池、油毛毡防水层（二毡三油）水池等。

三、按照设计图施工

（一）水池砌筑技术

1. 地基基础

（1）抄平确定正负零线　为了保证水池的整体水平线不失平，要用水准仪抄平，钉木桩，同时确定地面水平线，也叫正负零线，把正负零线画在木桩上，其也是水池的地上与地下的分界线。

（2）开挖水池土方　根据水池设计图的尺寸、形状，深度，开挖水池土方，开挖的水平范围和垂直范围要大于水池 30～50 厘米，这主要是为施工方便，水池的深度设计一般要超过冻土层深度，把该范围内的土方全部挖出。

（3）水池池壁基础　水池池壁基础一般按建筑墙体的基础来做，池壁沟槽深度要大于池底深度50厘米，其做法与墙体基础相同。

① 三七灰土夯实。把白灰粉撒入沟中与沟土混合均匀，用打夯机夯实，厚度要达到20厘米以上，如果沟中有水，要先把水抽干或放几天，待水分下降到30%以下时可进行夯实。

② 碎石垫层夯实。将碎石填入沟中，填一层夯实一层，每层10厘米厚，碎石垫层一般要达到20厘米厚。

③ 混凝土垫层。将碎石、中砂、水泥按相同比例混合，搅拌成砂浆，浇注在沟槽中，厚度一般要达到10厘米以上，并找平，待其凝固48小时后，可以砌筑墙体砖石（图4-8）。

图4-8　荷花水池

2. 池壁砌筑

水池池壁有砖水池、混凝土浇筑水池，砖水池砌筑方法与一般墙体砌筑方法相同，拉上角桩水平线，按线砌筑水池墙，用水泥砂浆砌筑墙砖，普通水池为24厘米墙，大型水池为37厘米墙或50厘米墙，墙砖缝1厘米。砌筑到设计高度，用水泥砂浆找平。

混凝土浇筑水池池壁，搭建脚手架固定模板，放入钢筋经纬网，一层一层地浇注水泥砂浆，直至设计高度，层与层浇筑的间隔时间要超过72小时以上，层厚为50厘米（图4-9）。

图4-9 驳岸水池

3. 池底水泥砂浆浇筑

水池池底浇筑可一次成型，放入钢筋经纬网，浇筑水泥砂浆，厚度一般为20厘米，表面拉毛。

（二）水池防渗防漏铺装

1. 粘贴防水材料

玻璃布沥青、再生橡胶薄膜、油毛毡防水层等。

2. 粘贴防水瓷砖

现有许多防水性瓷砖，可在水池池底使用，粘贴时要满浆贴。

砖缝用防水水泥勾缝。

第四节 挡土墙的砌筑技术

一、挡土墙的概念

挡土墙是防止土坡坍塌，承受侧向压力的构筑物，是园林中常见的一种建筑工程。它在园林中被广泛用于房屋地基、堤岸、路堑边坡、桥梁台座、水榭、假山、地下室等建筑工程。在地势变化较大的山城中尤为多见。挡土墙常采用砖石、混凝土、钢筋混凝土等材料筑成。挡土墙的设计首先要考虑确定作用于墙体背上侧向土压力的性质、大小、方向和作用点，以满足功能的需求。以往挡土墙完全“工程化”，形成阴沉沉的高墙铁壁，单调乏味，使人产生压抑感，视觉效果和景观效果很差。随着人们环境意识的增强，园林旅游事业的迅猛发展，环境效益日见显著，无论在城市还是在自然风景区，挡土墙等这样的工程化构筑物已打破了以往界面僵化所造成的封闭感，充分利用周围各种有利条件，巧妙地安排界面曲线及界面饰物，进行艺术性设计和艺术性装饰，把它潜在的阳刚之美挖掘出来，设计建造出满足功能、协调环境、有强烈空间艺术感的挡土墙。

二、挡土墙的设计形式

挡土墙的形状和高矮，据环境状况通常采用“五化”设计手法，即化高为低、化整为零、化大为小、化陡为缓、化直为曲。这五种设计改变了挡土墙立陡的单一设计，与植物等相结合，减小了挡土墙的不利视面，增加了绿化量，既有利于创造小气候，又有利于提高空间环境的视觉品质。

三、挡土墙的材料

挡土墙材料一般用自然山石，通常因地制宜，就地取材，以节省费用。自然石材和贴面的质地、色彩、组合构成了挡土墙的细部美感。石材和贴面材料的选择，取决于挡土墙所在空间的整体景观，原则是协调统一。人为景观为主的环境，往往用贴面，如广场。自然景观为主的环境，往往不用贴面，如自然风景区。

不用贴面的挡土墙常用自然石材、块石、片石、条石，勾缝或不勾缝，不修凿。可形成凸凹不同的纹络、形状，不同色彩的石材也可以组合，形成不同的图案。这种挡土墙，具有粗犷的美感，野趣变化无穷。也可用混凝土预制块，组合拼接成花墙。在挡土墙侧向压力较大时，也可设计为钢筋混凝土，表面用竹丝划块。

四、挡土墙的砌筑

挡土墙的砌筑与水池、花坛墙体砌筑基本相同。

（一）地基基础

1. 抄平确定正负零线

为了保证挡土墙的整体水平线不失平，要用水准仪抄平、钉木桩，同时确定地面水平线，也叫正负零线，把正负零线画在木桩上，其也是挡土墙的地上与地下的分界线。斜坡挡土墙要分段抄平，分段做基础，不能按照斜坡坡向斜着做基础，这样挡土墙在斜坡上可发生墙体纵裂，造成坍塌。

2. 开挖挡土墙沟槽

根据挡土墙设计图的尺寸、形状、深度，开挖挡土墙土方，开挖的水平范围和垂直范围要大于挡土墙 20～30 厘米，主要是为施工方便，挡土墙的深度设计一般要超过冻土层深度，把该范围内的土方全部挖出。

3. 挡土墙基础

挡土墙基础一般按建筑墙体地基来做，其做法与其他墙体基础相同。

① 三七灰土夯实。把白灰粉撒入沟中与沟土混合均匀，用打夯机夯实，厚度要达到20厘米以上，如果沟中有水，要先把水抽干或放几天，待水分下降到30%以下时进行夯实。

② 碎石垫层夯实。将碎石填入沟中，填一层夯实一层，每层10厘米厚，碎石垫层一般要达到20厘米厚。

③ 混凝土垫层。将碎石、中砂、水泥按相同比例混合，搅拌成砂浆，浇注在沟槽中，厚度一般要达到10厘米以上，并且找平，待其凝固48小时后，可以砌筑墙体砖石。

（二）挡土墙砌筑

拉上角桩水平线，按线砌墙，用水泥砂浆砌筑墙砖，普通挡土

图4-10 大石块挡土墙

墙为24厘米墙，高大的挡土墙宽为37厘米墙，墙砖缝1厘米。砌筑到设计高度，水泥砂浆找平。采用大石块砌筑挡土墙，要用水泥砂浆砌筑，并且勾缝。在土质疏松容易坍塌的地方建挡土墙，可设计成内凹形，或设计成丁字形墙内凸深入到土体中，增强拉力，防止墙体倒塌（图4-10）。

第五节 漏空花墙的砌筑技术

一、漏空花墙概念

漏空花墙就是在普通墙体上，砌筑有各种各样的漏空图案的墙体，具有艺术观赏性的墙体。

二、漏空图案

漏空图案可以多种多样，有圆形、月牙形、方形、五边形、六边形、椭圆形、花瓶形、三角星形、五角星形、梅花形等图案。漏空所占面积不能超过墙体总面积的30％。

三、砌筑

1. 漏空花墙基础

（1）开挖地基沟槽　漏空花墙基础与其他围墙基础基本相同，一般要挖深80～100厘米的沟，沟宽80厘米，长度不限。北方沟深一般要在冻土层以下，没有冻土层的一般要挖到100厘米左右，防止地基变形、墙体开裂。挖出的土可以向沟两边堆放，待砌完漏空花墙后作为回填用土。

（2）三七灰土夯实　把白灰粉撒入沟中与沟土混合均匀，用打夯机夯实，厚度要达到20厘米以上，如果沟中有水，要先把水抽干或放几天，待水分下降到30%以下时可进行夯实。

(3) 碎石垫层夯实 将碎石填入沟中，填一层夯实一层，每层10厘米厚，碎石垫层一般要达到20厘米厚。

(4) 混凝土垫层 将碎石、中砂、水泥按相同比例混合，搅拌成砂浆，浇注在沟槽中，厚度一般要达到10厘米以上，并且找平，待其凝固48小时后，可以砌筑墙体砖石。

2. 花墙砌筑

在正负零线以下或正负零线开始砌筑漏空花墙。漏空花墙（图4-11）的砌筑难点是漏空图案的砌筑，一般是把设计的图案，按照1∶1的比例做成木质或铁质模型，模型要做多个，要标准统一，形状大小一致，在每一个漏空处可以对放两个，然后砌筑墙体，不论是用砖砌或是水泥砂浆浇筑都不要紧固模型砌筑，要留有一定空隙以便取出模型。当整个墙体砌筑完成后，养护5天，拆去模型，再用水泥砂浆抹平，漏空的边沿要用突出的水泥砂浆抹边，以显示漏空图案。墙体顶端按照设计砌筑散水顶，最后喷涂墙体涂料，准备验收交工。

图4-11 漏空花墙

3. 漏空花墙装饰

漏空花墙的漏空部分往往要进行装饰，否则景观效果体现不出来，有的在漏空中再放入造型材料，如动物形状物体鸟类、植物形状物体果实等，以补充空荡的不足。也有的用形状相同的玻璃镶嵌在漏空中，玻璃上画有各种图案，提高景观效果。

第六节 人造假山的设计与施工技术

一、假山的设计

1.“三远”原则

叠石掇山，虽石无定形，但山有定法，所谓法者，就是指山的脉络气势，这与绘画中的画理是一样的。以天然山水为蓝本，再参以画理之所示，外师造化，中发心源，才能营造出源于自然而高于自然的假山作品。

在园林中堆叠假山，由于受占地面积和空间的限制，在假山的总体布局和造型设计上常常借鉴绘画中的“三远”原理。以在咫尺之内，表现千里之致。所谓的“三远”是山有三远：自山下而仰山巅，谓之高远；自山前而窥山后，谓之深远；自近山而望远山，谓之平远。

（1）高远　根据透视原理，采用仰视的手法，创作的峭壁千仞、雄伟险峻的山体景观。如苏州耦园的东园黄石假山，用悬崖高峰与临池深渊，构成典型的高远山水的组景关系。在布局上，采用西高东低，西部临池处叠成悬崖峭壁，并用低水位、小池面的水体作衬托，以达到在小空间中，如置身高山深渊前的意境联想，再加上采用浑厚苍老的竖置黄石，仿效石英砂质岩的竖向节理进行堆叠，显得挺拔刚坚，并富有自然风化的美感意趣。

（2）深远 表现山势连绵，或两山并峙、犬牙交错的山体景观，具有层次丰富、景色幽深的特点。如果说高远注重的是立面设计，那么深远要表现的则为平面设计中的纵向推进。在自然界中，诸如由于河流的下切作用等，所形成的深山峡谷地貌，给人以深远险峻之美。园林假山中所设计的谷、峡、深涧等就是对这类自然景观的描写。

（3）平远 根据透视原理来表现平冈山岳、错落蜿蜒的山体景观。深远山水所注重的是山景的纵深和层次，而平远山水追求的是逶迤连绵，起伏多变的低山丘陵效果，给人以千里江山不尽、万顷碧波荡漾之感，具有清逸、秀丽、舒朗的特点。

上述所讲的“三远”，在园林假山设计中，都是在一定的空间中，从一定的视线角度去考虑的，它注重的是视距与被观赏物（假山）之间的体量和比例关系。有时同一座假山，从不同的视距和视线角度去观赏，就会有不同的审美感受。

2. 因地制宜原则

对假山建造的形态大小、石材质地颜色的选择，都要和周边的地形地貌、房屋建筑相协调，因为“山，骨于石，褥于林，灵于水”。山石的用料和做法、实际上表示一种类型的地质构造存在。在被土层、砂砾、植被覆盖的情况下，人们只能感受到山林的外形和走向。如覆盖物除去，则“山骨”尽出。因此，山石的选用要符合总体规划的要求，与整个地形、地貌相协调。

二、假山的类型

所谓的假山就是指由人工堆叠起来的山体，究其用料不外乎是土、石二物，所以假山的类型大致可分为以下几种

1. 土山

土山是指不用一石而全用堆土的假山。现在一提到假山，像是专指叠石为山了，其实假山本来就是从土山开始，逐步发展到叠石的。土山既减人工，又省物力，且有天然委曲之妙，混假山于真山之中，使人不能辨者，其法莫妙于此。土山利于植物生长，能形成自然山林的景象，极富野趣，所以在现代城市绿化中有较多的应用。但因江南多雨，易受冲刷，故而多用草坪或地被植物等护坡。在古典园林中，现存的土山则大多限于整个山体的一部分，而非全山。

2. 石山

石山是指全部用石堆叠而成的假山。因它用石极多，所以其体量一般都比较小。小山用石，可以充分发挥叠石的技巧，使它变化多端，耐人寻味，况且在小面积范围内，聚土为山势必难成山势，所以庭院中缀景，大多用石，或当庭而立，或依墙而筑，也有兼作登楼的蹬道的。

3. 土石山

这是最常见的园林假山形式，土石相间，草木相依，便富自然生机。尤其是大型假山，如果全用山石堆叠，容易显得琐碎，加上草木不生，即使堆得嵯岈屈曲，终觉有骨无肉。如果把土与石结合在一起，使山脉石根隐于土中，泯然无迹，而且还便于植树，树石浑然一体，山林之趣顿出。土石相间的假山主要有以石为主的石土山和以土为主的土石山。

三、假山的选材

假山是相对于自然形成的“真山”而言的。假山的材料有两种，一种是天然的山石材料，仅仅是在人工砌叠时，以水泥作胶结材料，以混凝土作基础而成。还有一种是水泥混合砂浆、钢丝网或低碱度玻璃纤维水泥作材料，人工塑料翻模成型的假山，又称“塑石”、“塑山”。天然石材有如下几种。

1. 湖石石灰岩

也叫太湖石，色以青黑、白、灰为主，产于江、浙一带山麓水旁。质地细腻，容易为水和二氧化碳溶蚀，表面产生很多皱纹涡洞，宛若天然抽象图案一般。

2. 黄石

细砂岩，色灰、白、浅黄不一，产于江苏常州一带。材质较硬，因风化冲刷造成崩落沿节理面分解，形成许多不规则多面体，石面轮廓分明，锋芒毕露。

3. 英石

石灰岩，色呈青灰、黑灰等，常夹有白色方解石条纹，产于广东英德一带。山石较易溶蚀风化，表面涡洞互套，褶皱繁密。

4. 斧劈石

沉积岩，有浅灰、深灰、黑、土黄等色。产于江苏常州一带。具竖线条的丝状、条状、片状纹理，又称剑石，外形挺拔有力，但易风化剥落。

5. 石笋石

竹叶状灰岩，色淡灰绿、土红，带有眼窝状凹陷，产于浙、赣常山、玉山一带。形状越长越好看，往往三面已风化而背面有人工刀斧痕迹。

6. 千层石沉积岩

铁灰色中带有浅灰色，变化自然多姿，产于江、浙、皖一带。沉积岩中有多种类型、色彩是园林中经常使用的山石。

7. 峭壁石

用英石、湖石、斧劈石等配以植物、浮雕、流水，于庭院粉墙、宾馆大厅布置，成为一幅少占地方熠熠生辉的山水画。

8. 散点石

以黄石、湖石、英石、千层石、斧劈石、石笋石、花岗石等，三三两两、三五成群，散置于路旁、林下、山麓、台阶边缘、建筑物角隅，配合地形，植以花木，有时成为自然的几凳，有时成为盆栽的底座，有时又成为局部高差、材质变化的过渡，是一种非常自然的点缀和提示，这是山石在园林中最为广泛的应用。

9. 驳岸石

常用黄石、湖石、千层石，或沿水面，或沿高差变化山麓堆叠，高高低低错落，前前后后变化，起驳岸作用，也作挡土墙，并使之自然、美观。

10. 山石瀑布

以园林地形为依据，堆放黄石、湖石、花岗石、千层石，引水由上而下，形成瀑布跌水。这种做法俗称“土包石”，是目前最常见的做法。

四、修建假山应注意的问题

（1）“山，骨于石，褥于林，灵于水”。

山石的用料和做法，实际上表示一种类型的地质构造存在。在被土层、砂砾、植被覆盖的情况下，人们只能感受到山林的外形和走向。如果覆盖物除去，则“山骨”尽出。因此，山石的选用要符合总体规划的要求，与整个地形、地貌相协调。

(2) 在同一位地域，不要多种类的山石混用。

在堆叠时，不易做到质、色、纹、面、体、姿的协调一致。除了不能混用以外，主要强调的是姿态，整体山势形态。

(3) 山石的堆叠造型。

有传统的十大手法：安、接、跨、悬、斗、卡、连、垂、剑、拼。从现在所施工的假山看，更注重的是崇尚自然、朴实无华。尤其是采用千层石、花岗石的地方，要求的是整体效果，而不是孤石观赏。整体造型，既要符合自然规律，又在情理之中，要高度概括提升，在意料之外。

(4) 设计和施工者有胸怀。

胸中要有波澜壮阔、万里江山，才能塑造那崇山峻岭、危岩奇峰、层峦险壑、细流飞瀑。

(5) 假山的基础。

孤赏石、山石洞壑由于荷重集中，需要做坚实可靠的基础。基础土质硬实，无流沙、淤泥、杂质松土，一般用钢筋混凝土浇筑，达到8吨/平方米以上即可。驳岸石在水下、泥下10～20厘米，一般用毛石砌筑。剑石为减少入土长度和安全起见，四周必须以钢筋混凝土包裹固定。山石瀑布可在素土、碎石夯实上，浇筑一层钢筋混凝土作基础。在堆砌山石中和堆砌完工后对人是否安全，是假山堆叠中第一重要的。

(6) 真假结合使用。

真材（天然石材）、假料（GRC等）配合的造型设计，不失为一种良策，是一种革新。尤其在施工困难的转折、倒挂处，在人接触不到的地方，使用人造假山，往往可以少占空间，减轻荷重，而整体效果好。GRC材料特别要注意玻璃纤维的质量。

（7）适量用石。

山石是天然之物，有自然的纹理、轮廓、造型，质地又纯净，朴实无华，但是属于无生命的建材一类。因此山石是自然环境与建筑空间的一种过渡，一种中间体。“无园不石”，但只能作局部景点点缀、提示、寄托、补充。切勿滥施，导致造价高昂。

五、假山的堆砌施工

（一）假山基础

假山基础又称“拉底”，所谓的拉底，就是在假山基础上叠置最底层的自然假山石。选用大块山石“拉底”具有坚实耐压、永久不坏的作用，同时因为这层山石大部分埋在地面以下，小部分露出地表，而假山的地上空间变化却都立足于这一层，所以古代叠山匠师们把拉底看作是叠山之本。

1.“拉底” 的方式

假山拉底的方式有满拉底和周边拉底两种。

（1）满拉底　是在山脚线的范围内用山石满铺一层。这种拉底的做法适宜规模较小、山底面积也较小的假山，或在北方冬季有冻胀破坏地方的假山。

（2）周边拉底　是先用山石在假山山脚沿线砌成一圈垫底石，再用乱石碎砖或泥土将石圈内全部填起来，压实后即成为垫底的假山底层。这一方式适合基底面积较大的大型假山。

2. 拉底的要点

（1）统筹主次关系　即根据设计要求，统筹确定假山的主次关系，安排假山的组合单元，大石、好石安排在主要石峰下面。

（2）确定底石的位置和发展体势　要曲折错落，即假山底脚的轮廓线一定要打破直砌僵硬的概念，错落有致。

（3）断续相间 即假山底石所构成的外观，不是连绵不断的，选石上要根据大小石材成不规则的相间关系安置，为假山中层的“一脉既毕，余脉又起”的自然变化作准备。

（4）紧连互咬 虽然外观上有断续变化，但结构上却必须一块紧咬一块，具有整体性。

（5）垫平安稳 要把每一块石头垫平，使之安稳，以便于继续施工。

3. 山脚线的处理

（1）露脚 即在地面上直接做起山底边线的垫脚石圈，使整个假山就像是放在地上似的。这种方式可以减少山石用量和用工量，但假山的山脚效果会稍差一些。

（2）埋脚 是将山底周边垫底山石埋入土下约20厘米，可使整座假山看上去仿佛是从地下长出来似的。在石边土中栽植花草后，假山与地面的结合就更加紧密、更加自然。

4.“拉底”的技术要求

（1）要注意选择适合的山石来做山底，不得用风化过度的松散的山石。

（2）拉底的山石底部一定要垫平垫稳，保证不能摇动，以便于向上砌筑山体。

（3）拉底的石与石之间要紧连互咬。

（4）拉底的边缘部分，要错落变化，使山脚弯曲时有不同的半径，凹进时有不同的凹深和凹陷宽度，要避免山脚的平直和浑圆形状。

（二）假山堆砌技法

1.“折、搭、转、换”的技巧技法

“偏侧错安”即在叠置山石时，力求破除对称形体，避免四方

形、长方形、品字形或等腰三角形的出现，讲究运用“折、搭、转、换”的技法。所谓的“折”，是指山形在局部块体上的变化，由一个方位折向另一个方位上去。“搭”是指假山块体的搭接，在按层状结构的叠置中，必须有搭接处才会有过渡关系。“转”即假山块体在空间方位上的变化，由一个方向转到另一个方向上去。“换”则是假山块体由一种节理层状，换为另一种形式，如水平的层状节理换为竖向的层状节理。所以只有偏安得致，才能使假山的山体错综成美。

避“闸”，假山石的叠置可立、可卧，也可似蹲状。但仄立的两块山石则不宜像闸门一样，否则很难和一般叠置的山石相协调。不过这也并不是绝对的，在自然界就有仄立如闸的山石，如在作为余脉的卧石处理时，可少许运用，但必须处理得很巧妙。

2. 等分平衡法

假山叠砌到中层时，因重心升高，山石之间的平衡问题就表现出来了。《园冶》中所说的等分平衡法，就是处理假山平衡的要领。所谓的等分平衡法是指在掇山叠石时，应注意假山体量的平衡，以免畸轻畸重，发生倾斜。上下平衡，前后平衡，左右平衡。

3. 崖壁的堆叠和起洞

崖壁的堆叠和起洞是假山中层的主要形式。在叠置崖壁时，如作悬挑，其挑石应逐步分层挑出，过渡要自然，并能满足正、侧、仰、俯等多视角观赏的要求，上面压石的重量应为挑石重量的一倍以上，以确保稳定，正如《园冶》所说：“如理悬岩，起脚宜小，渐理渐大，及高，使其后坚能悬”，这里的“后坚能悬”就是指作悬崖时因层层向外挑出，重心前移，因此必须要用数倍于前沉的重力来稳压内侧，把前移的重心再拉回到假山的重心线上来。

4. 假山洞

《园冶》说:“理洞法，起脚如造屋，立几柱著实，掇玲珑如窗门透亮，及理上，见前理岩法，合凑收顶，加条石替之，斯千古不朽也。”说明古代假山山洞的一般结构都是梁柱式的。假山山洞的洞壁是山洞的支架，它由柱和墙两部分组成，在平面上，柱是点，墙是线，而洞就是面。古代不少梁柱式的假山洞采用花岗岩条石为梁，或间有“铁扁担”加固，这种方法即便用石加以装饰，但洞顶和洞壁之间还是很难融为一体，显得不自然。另一种则采用“叠涩”的方法，用山石向山洞内侧逐渐挑伸，至洞顶再用自然山石为梁压盖，这种方法也称为“挑梁式”，其两端的搭接部分，每端应在 15 厘米以上。还有一种就是券拱式的假山洞顶结构，由于这种券拱式结构的承重是逐渐沿券成环拱挤压传递，所以不会出现如梁柱式石梁的压裂、压断的危险，而且能顶壁一气，整体感强。同时可在其中心部位夹挂悬石，以产生钟乳石垂挂的效果。其施工时，中间应搭建支撑架。

图 4-12　石灰石假山

5. 假山的收顶

收顶也称结顶，是假山最上层轮廓和峰石的布局，由于山顶是显示山势和神韵的主要部分，也是决定整座假山重心和造型的主要部分，所以至关重要，它被认为是整座假山的魂。收顶一般分为峰、峦和平顶三种类型，尖曰峰，圆曰峦，山头平坦则曰顶。总之收顶要掌握山体的总体效果，与假山的山势、走向、体量、纹理等相协调，处理要有变化，收头要完整。石灰石假山见图 4-12。

第七节 花架搭建技术（水泥、木制）

一、花架的概念

提起花架，很容易让人联想到宅前屋后的豆棚瓜架。花架经历了先为生产，而后植花的发展历程。现在的花架有两大作用：一方面供人歇足休息、欣赏风景；一方面为攀缘植物创造生长条件。因此可以说花架是最接近于自然的园林小品了。一组花钵，一座攀缘棚架，一片供植物攀附的花格墙，一个用花架板做出的挑口，甚至是沿高层建筑的屋顶花园，餐厅、舞池的葡萄天棚，往往物简而意深，起到画龙点睛的作用，创造室内室外、建筑与自然相互渗透、浑然一体的效果。

二、花架常用材料

在我国 17 世纪末《工段营造录》中有记载：“架以见方计工。料用杉槁、杨柳木条、蕙竹竿、黄竹竿、荆笆、籀竹片、花竹片。”这些材料现已不易见到，但为追求某种意境、造型，可用钢管绑扎后再进行外粉饰或用钢筋混凝土浇筑仿做上述自然材料。近年来，流行用经过处理的木材做材料，以求真实、亲切。

混凝土是最常见的材料，基础、柱、梁皆可按设计要求做，但由于花架板条数量较多，相隔距离较近，表面粗糙，所以最好用光模、高标号混凝土一次捣制成型，以求轻巧挺拔。

金属材料常用于独立的花柱、花瓶等。造型活泼、通透、多变、现代、美观，缺点在于需要经常养护和油漆，而且金属在阳光直晒下温度较高。

玻璃钢、玻璃纤维增强水泥（GRC）等则常用于花钵、花盆。设计园林花架需注意，花架在绿荫掩映下要好看、好用，在落叶之后也要好看、好用，因此要把花架作为一件艺术品，而不单作构筑物来设计，应注意其比例尺寸、选材和必要的装修。

花架体型不宜太大。太大了不易做得轻巧，太高了不易隐蔽，应尽量接近自然。

花架四周一般都较为通透开敞，除了作支撑的墙、柱，没有围墙门窗。花架的上下（檐口和铺地）两个平面，也并不一定要对称和相似，可以自由伸缩交叉，相互引申，使花架置身于园林之内，融合于自然之中，不受阻隔。

要根据攀缘植物的特点、环境来构思花架的形体，根据攀缘植物的生物学特性来设计花架的构造、材料等。

一个花架一般配置一种攀缘植物，也有配置 2～3 种以相互补充的。各种攀缘植物的观赏价值和生长要求不尽相同，设计花架前要有所了解。

（1）紫藤花架　紫藤枝粗叶茂，老态龙钟，尤宜观赏。北京恭王府中有二三百年前的藤萝架。设计紫藤花架，要采用能负重荷的永久性材料，突显古朴、简练的造型。

（2）葡萄架　葡萄有许多耐人深思的寓言、童话，可作为构思参考。种植葡萄，应有良好的通风、光照条件，还要翻藤修剪，因此要考虑合理的种植间距。

（3）猕猴桃棚架　猕猴桃属植物有 30 余种，为野生藤本果树，广泛生长于长江以南的林中、灌丛、路边，枝叶左旋攀援而上。设计此棚架的花架板，最好为双向。对于茎干为草质的攀缘植物，如葫芦、茑萝、牵牛等，往往要借助于牵绳而上。因此，种植池应距离花架较近，在花架柱梁板之间也要有支撑、固定，方可使其爬满棚架。

三、常见园林花架类型

1. 双柱花架

好似以攀缘植物作顶的休憩廊。值得注意的是供植物攀缘的花架板，其平面排列可等距，一般为50厘米左右，也可不等距，板间嵌入花架砧，取得光影和虚实变化。其立面也不一定是直线的，可曲线、折线，甚至由顶面延伸至两侧地面，如“滚地龙”一般。

2. 单柱花架

当花架宽度缩小，两柱接近而成一柱时，花架板变成中部支承，两端外悬。为了整体的稳定和美观，单柱花架在平面上宜做成曲线、折线型。

四、花架的施工技术

（一）钢筋混凝土花架

1. 预制混凝土横向横梁

根据花架设计的横梁断面尺寸及长度，还要根据它的外形制作钢制模具，或用薄木板、塑料板制作模板，在模具中放入制作好的钢筋套或钢筋网，单立柱的钢筋套中央部分漏出钢筋，双立柱的要在结合点露出钢筋。并预先焊好钢板，钢筋板要稍漏出水泥构件1

厘米左右，主要是为了与纵向横梁焊接时用，漏出钢筋板的大小与纵向横梁焊接处要相同，以便结合焊接。浇筑水泥砂浆并抹平，喷水保养 7 天以后拆模，制作横向横梁数量与需用数量相同，避免浪费。

2. 浇筑钢筋混凝土立柱

花架立柱有单柱和双柱两种，形状各异，柱的粗细要符合设计要求，要与横梁相配，柱之间距离要按设计要求施工。

（1）开挖立柱基础槽　在要浇筑立柱的地点开挖基础槽，槽深一般要达到 100 厘米左右，槽的范围要远大于立柱的粗度大小，也有的要挑沟开槽，以便基础成为一体，1 米以下素土夯实，之后全部是水泥砂浆浇筑，浇筑的底层水泥砂浆要找平。

（2）浇筑立柱水泥砂浆　浇筑的基础面积可以大一些，正负零线以下有时可以不放模具，直接浇筑，要先放入钢筋网套再浇筑水泥砂浆，网套的底部焊接要有横筋，超过正负零线以后要套上模具浇筑，每次浇筑的高度不能超过 1 米，待养护 5 天以后再浇筑另一层。到达设计高度锯断钢筋并露筋，露筋与纵向横梁钢筋结合。

3. 浇筑纵向横梁

在纵柱与纵柱之间支架模板，放入预制好的立柱横梁钢筋网套，钢筋网套要与立柱的钢筋相焊接，之后浇筑水泥砂浆，立柱钢筋与纵向梁钢筋要露出横梁水泥面几毫米，以便焊接横向横梁用。保养 7 天以后拆模。

4. 吊装横向横梁

预制好的横向横梁要用吊车吊起，放到纵向横梁上，两梁钢筋互接，并用电焊机焊接牢固。之后用水泥砂浆抹平。

5. 地面铺装

一般在完成地上工程后，要进行地面铺装。一般以铺毛石板为多。地面铺装工程与园路铺装基本相同。

6. 抹平外立面与粉刷

用水泥或腻子抹平，喷涂设计的颜色涂料，并交工。水泥单柱花架见图4-13。

图 4-13 水泥单柱花架

（二）木花架

1. 物料准备

根据设计图纸的形状、尺寸大小加工制作木立柱、木纵向横梁、木横向横梁、纵向座梁。柱与梁之间都是榫卯结构连接，或咬口连接。木柱底部为打孔穿筋混凝土浇筑，防止根基不牢，并刷沥青漆作防腐处理。

2. 花架基础

花架基础与前述钢筋混凝土花架基本相同，木柱深入正负零线以下部分要达到50厘米。

3. 搭建花架

（1）基础完成后，先安装立柱，基础要找平，立柱要立垂直，可用仪器或吊垂线测定是否垂直。各立柱要用三脚架支撑住，不能晃动。之后浇筑水泥砂浆。

（2）安装纵向横梁　纵向横梁与立柱之间用燕尾榫卯连接，立柱柱顶两面开有燕尾卯，纵向横梁开有突出的燕尾榫，将燕尾榫插入燕尾卯，即连接完成，每根纵向横梁都要这样连接，连接完后柱顶要平滑。

（3）安装横向横梁　横向横梁与纵向横梁连接靠咬口连接，在两横梁搭接处，相互开深5厘米左右的长方形槽，两槽相合，两横梁即连接紧固。这样花架整体上连接起来。

（4）安装纵向座梁　纵向座梁一般是一条宽25～30厘米，长3米左右的木板，木板两端有榫，可插入立柱的卯中固定，做板下面要有立柱，支撑木板。

（5）刷防腐涂料　木花架要先刷防腐涂料，然后再刷颜色涂料，涂料干燥后即可使用花架如图4-14所示。

图4-14　双立柱木花架

第八节 草坪灯电路设计施工安装技术

一、草坪灯的电路设计

目前在园林景观环境中，经常使用各种灯具、灯光美化装饰夜间景观环境，草坪灯是其中的重要景观内容，草坪灯有各式各样，灯杆有高、中、低之分，还有档次之分，要根据具体情况合理设计及选择。草坪灯的电路线要根据安装灯数的多少来设计，如装多少数量的灯、每个灯的耗电瓦数、总耗电瓦数，来确定主干电缆的直径粗度，支路电缆的直径粗度。草坪灯耗电量与电缆粗细直径有关，一般每平方毫米直径铜线可承担500瓦(W)耗电器使用，若每个灯为25瓦(W)，能够安装20个灯头，为了安全保险只能安装15个灯头，若总计安装60个草坪灯，主干电缆直径不小于4毫米。

为了节约能源，现在经常采用太阳能草坪灯作为景观布置，其具有环保、节约能源、节约大量投入的特点，应提倡大量使用。

二、草坪灯施工安装技术

1. 电网供电草坪灯的安装

(1) 电缆线的铺设 电网供电草坪灯安装，需要挖电缆沟铺设电缆，电缆沟深一般要达到80～100厘米深，如果冻土层较深，要在冻土层以下，电缆沟比较深是为了不影响地面的种植活动，如栽植较大的树木，会挖坏电缆造成事故。宽度一般能放进电缆管为宜，为施工方便一般都挖成25厘米宽，沟底要平，要先将电缆穿入电缆管中，在有灯具的地方把电缆及电缆管抽出地面以备连接灯具，电缆线不能拉得太紧，要稍有松弛，以防地基变形拉断电缆，铺设完电缆后，再在电缆管上铺设一层水泥砖，防止在其他施工挖掘时伤到电缆，之后将所有挖出的土回填成垄状，等待慢慢下沉。

（2）灯具座的水泥浇筑 灯具座一般是用水泥浇筑来做，在要安装灯具的地方，确定好中心点，挖方形或圆形的坑都可，大小以灯座的串钉孔为参考，灯座要大于串钉孔外沿 30 厘米，以确保灯具安装牢固。在挖好的坑中浇筑水泥砂浆，一般要超出地面 5 厘米，对准灯具串钉孔，埋入长串钉，串钉陷入水泥砂浆深度要达到 30 厘米。

（3）安装草坪灯具 将草坪灯具插入预制的水泥浇筑底座串钉中，稍拧紧螺母，然后调直调平灯具，再拧紧螺母固定。接上电源线，安装灯头，通电验收起用（图 4-15）。

图 4-15 电网供电草坪灯

2. 太阳能草坪灯安装

太阳能草坪灯由于靠太阳能电池发电，省去了拉电源电缆的材料施工，节约了大量费用，是一个非常环保、节约能源、节约费用、省时省力的先进装饰灯具。

大型太阳能草坪灯安装，需要铺筑底座，以防被大风吹倒伤及游人或其他公司财产，底座铺筑与电网草坪灯基本相同，安装方法相同，可参照施工。太阳草坪灯可随便安置，不受电线的影响。小型低矮草坪灯可以不做深底座，采用插入式或埋入式，可配合景观随意放置（图 4-16）。

图 4-16　太阳能草坪灯

第五章 05 Chapter

园林植物病虫害防治技术

第一节　怎样熬制石硫合剂？使用中应注意哪些问题？

石硫合剂是一种古老的、常用的化学农药，全称是石灰硫黄合剂。是一种用途广泛，杀菌、杀虫的无机硫类广谱性农药。适用于苹果、梨、葡萄、柿、桃及园林绿化树木，主要在休眠期（发芽前）喷施，可铲除在树体上越冬的各种害虫、害螨及病菌。

石硫合剂是以生石灰、硫黄粉和水按一定的比例熬制而成的一种红褐色的、有臭鸡蛋味、呈强碱性的药液。遇酸易分解，与空气接触易被氧化。对人体的眼睛、鼻黏膜、皮肤有刺激性，对金属有腐蚀作用，其主要成分是多硫化钙和硫代磷酸钙。

一、熬制方法

按生石灰 1 份、硫黄粉 2 份、水 10 份的比例，分别称取需要量。首先在大铁锅内放入定量的水，烧热，再把按配制比例计算出的生石灰投入锅中，石灰遇水后放热，很快形成石灰浆，当石灰浆烧至接近沸腾时，让它自行消解。烧开锅后，先要捞出锅内的石灰渣，再把按配制比例计算出的硫黄粉用温水调成硫黄糊，徐徐倒入锅中。这时加大火力，不断搅拌，使之混匀。并用一小木棍直立锅中心，量好液面高度，作一记号，以便在熬制中不断用开水添足所耗水量。由硫黄入锅后沸腾时开始，用大火熬制40～60分钟。待药液由黄白色熬成红褐色，液面起一层薄膜，有刺鼻的臭味，锅底的石灰渣渐渐变成黄绿色，就可停火冷却、起锅。沉降后上层的红褐色透明的液体即为石硫合剂母液。取20毫升原液放入量筒中，用波美比重计测量其比重度数。一般是以20～30波美度较好，然后根据需要喷施的药液浓度加水稀释。

二、石硫合剂原液稀释方法

按下式计算：

$$加水倍数=\frac{原液波美度}{需要稀释的波美度}-1$$

例如：原液20波美度，稀释为0.5波美度的药液，需加水多少？则加水倍数=20/0.5－1=39。

三、熬制时注意事项

① 生石灰选用白色块状和重量轻的，含氧化钙要达85%以上，铁、镁等杂质要少。

② 硫黄粉要选用金黄色无结团的细粉。

③ 水质要好。用干净的河水、塘水、自来水为宜，不应用井水、泉水。

④ 用猛火不用文火，火力要均衡。

⑤ 熬制时间不宜过长或过短。时间太长，火力过大，原液变成深绿色，且渣子也变成绿色，会把生成的多硫化钙分解掉。这种药液杀虫、杀菌效果差。相反，熬制时间太短，药液浓度低，呈黄褐色。

⑥ 石硫合剂对金属腐蚀性强，熬制和存放时均不能使用铜、

铝质器具，要放在不易腐蚀的容器内，如玻璃容器、陶瓷容器、塑料容器等。

⑦ 储存时尽量选用小口容器加油密闭保存，避光，存放在冷凉处。

⑧ 使用河塘水或自来水稀释药液，要现用现配，不宜储放。

⑨ 本剂对柑橘、苹果、柿、甘蓝、白菜、南瓜、西瓜、丝瓜、茄子较安全，对桃、李、梅、梨、番茄、黄瓜、葱、葡萄都易发生药害。

⑩ 使用浓度根据植物生长期的早晚、品质、病虫种类的差别，以及使用目的及时期不同而异。一般植物休眠期使用浓度宜高，生长期宜低，早春较浓，夏季较低，生长期易受药害的植物可用 0.2 波美度，落叶果树可用 5 波美度的。

⑪ 施药时间最好是无风的晴天早晨，天气潮湿的情况下不宜使用，高温（32℃）低温（小于 4℃）易生药害，不宜使用。

⑫ 一般农药多不宜与石硫合剂混合使用，石硫合剂与波尔多液连接使用时间间隔最少 2 个星期。

⑬ 本剂强碱性，能腐蚀皮肤，配药、打药时要小心。必须佩戴口罩、胶皮手套等防护设施。

⑭ 盛过药剂的器具及喷雾器，应先用醋水洗涤，然后再用清水洗净收存，否则会腐蚀损坏喷雾器。

⑮ 药渣可作伤口的保护剂和涂白剂。

由于熬制石硫合剂费时耗工，有些原料如石灰不易存放等原因，现在一般都用工厂化商品替代，市场销售的商品有 45%石硫合剂晶体、21%石硫合剂水剂、50%硫黄悬浮剂。

第二节 怎样配制波尔多液？应注意哪些技术要求？

一、波尔多液的概况

波尔多液的化学名称叫硫酸铜-石灰混合液，是一种古老而又应用广泛的无毒、无害、无污染的保护性杀菌剂，用硫酸铜、生石灰和水按一定比例配制而成的一种天蓝色胶态悬浮液，呈碱性，有效成分是碱式硫酸铜。具有杀菌力强、药剂范围广、原料便宜、即配即用、药效期长、病菌不易产生抗性等特点，可以防治园林树木、花卉、果树、蔬菜等植物的多种病害。在农业生产上广泛使用，但如果在配制与使用中方法不当，极易产生药害。

二、波尔多液性质与应用

（一）波尔多液性质

根据硫酸铜、生石灰和水的比例不同，以石灰用量为单位，有倍量式、半量式、等量式、多量式等。波尔多液各类型的使用应根据植物对硫酸铜和生石灰的敏感性以及防治什么病害，什么季节和气温的不同来决定。一般情况下，药液中石灰用量越大，对植物越安全、黏着力越强，效力越持久，但杀菌作用越慢。如果石灰用量少，杀菌作用快、易发生药害，药效短，只能在抗铜能力比较强的植物上使用。硫酸铜与生石灰的比例一定要合适，如果把握不准，生石灰宁多加不少加，以确保使用安全。

（二）波尔多液应用

在防治葡萄黑痘病、霜霉病、炭疽病，用1∶0.5∶200药液（配比顺序依次是硫酸铜、生石灰和水的用量）；防治苹果炭疽病、轮纹病用1∶2∶200药液；防治花卉苗期猝倒病、立枯病、灰霉病用1∶1∶(300～500）药液。对幼嫩植物或波尔多液抗性较强的作物，配制时可多加些生石灰或使用较低的浓度，一般以生石灰倍量式为宜（0.5∶1∶100）。有些作物或果树，休眠期抗药性较强，应提高浓度。有的作物易受生石灰伤害，应减少用量，可用1∶0.5∶100的配比。总之，对容易受铜危害的植物，可增加生石灰的用量比例，对容易受生石灰伤害的植物应减少生石灰的比例。

三、波尔多液的防病效果

波尔多液一般在植物萌芽期或萌芽前使用，用于预防病菌侵染性病害。适用于防治叶部病害和花期病害，尤其在病害未发生前或刚开始发生时防治效果最好，用它往植物上喷雾，无病可以预防病菌侵害，有病能控制病菌传染。主要用于防治花卉、果树病害，对多数空气传播性真菌病害有显著效果，特别对喜水性真菌如水霉菌、绵霉菌、霜霉菌、腐霉菌和疫霉菌引起的病害效果更好。对真菌引起的霜霉病、炭疽病、软腐病、幼苗猝倒病等都有良好的效果。对锈病、叶斑病、红斑病、白粉病、黑痘病、灰霉病、白绢病等有防治效果。对细菌引起的溃疡病和角斑病也有一定的防治效果。

波尔多液的缺点是易使植物叶面留下药斑，影响观赏价值，在阴冷潮湿的天气使用时易产生药害。

四、波尔多液的合理配制

1. 原料选择

① 生产厂家的硫酸铜质量差异不大，而生石灰的差异非常大，应选用充分烧透无杂质、密度轻的生石灰块，受潮或风化的粉状石灰一般不用，若没有生石灰块而必须用熟石灰时应增加用量30%～50%。水要用江、河、塘、湖水。高温会使波尔多液胶粒凝聚沉淀，配制时不宜使用热水和含氯化物较重的水，以防止产生药害。

② 器皿的选择：配制波尔多液的容器，不宜为金属制品，最好选用塑料、陶瓷或木质容器，如塑料桶、瓷缸或水泥池等，搅拌

也要用木棒等非金属棍棒。

2. 配制方法

一般采用“两液法”，分别把硫酸铜和生石灰放在两个容器中，硫酸铜不宜放在铁质容器中，可选择塑料桶、盆，各用半量水溶化，然后同时将硫酸铜溶液和生石灰溶液慢慢倒入第三个容器内，边倒边搅拌，溶液倒完即配成天蓝色药液。

另一做法是，配药前将硫酸铜碾细过筛，并在非金属容器内加少量热水溶化，加入 9 倍的水，配制成稀溶液。在另一容器内，按水：石灰（9∶1 质量比）比例向石灰喷水，待石灰化开后滤去残渣，混合时先倒石灰液，再倒硫酸铜液，充分搅拌，这样配制的波尔多液质量也好，颗粒细而均匀，沉淀物沉落较慢，附着力较强，符合使用要求。

一般不要把石灰乳倒入硫酸铜溶液中，以免大颗粒沉淀，影响药效。因为这样做硫酸铜被石灰分裂包围的机会就大大减少了，配成的药液很快离层，沉淀物明显增多，不仅起不到很好的灭菌效果，还容易产生药害。配制好的波尔多液不宜再加水稀释，一般随配制随使用，久存则变质失效。

常用的配合式（单位：千克）如下。

① 1%等量式　硫酸铜∶生石灰∶水＝1∶1∶100

② 0.5 倍量式　硫酸铜∶生石灰∶水＝0.5∶1∶100

③ 0.5 等量式　硫酸铜∶生石灰∶水＝0.5∶0.5∶100

在配制好的波尔多液中加入适量的白糖，可增强其使用效果。据试验，没加白糖的波尔多液经 15 分钟就会出现沉淀，而加白糖的放置 12 小时没有出现沉淀现象。一般 100 千克波尔多液加入 1 千克白糖即可明显提高药液的稳定性。此法除了提高波尔多液的质量外，白糖还可以被作物吸收利用，减轻因病害导致的伤害，有利于病害的防治。

五、波尔多液使用中出现的问题

1. 配制波尔多液的原料质量差

配制波尔多液时，硫酸铜溶解不完全，用药时连同药渣喷到果实上，会使果实出现红褐色药害斑点，降低果品的商品价值。

如果在配制波尔多液时使用质量差的生石灰或硫酸铜，很容易发生药害造成损失。为了避免这种药害，可以用一种简易的测定方法，即在配制后用刚磨过的小刀或铁片，在药液中搅拌几下，取出后如上面有黄色的铜渍，则说明波尔多液中仍然有硫酸铜存在，就要再投入生石灰去化合，直到小刀或铁片上不见铜迹为止。

2. 选用比例和浓度不当

有些花木对硫酸铜和生石灰特别敏感，容易遭受药害，例如茄科、葡萄科、葫芦科的花木对石灰敏感，应采用石灰半量式。桃、梨、苹果、柿树、杏、李等生长季节对铜敏感，使用波尔多液时极易产生铜离子病害，导致落叶落果，应采用石灰倍量式或多量式。波尔多液等量式药液对君子兰喷施不适宜，易产生铜离子药害。波尔多液中石灰量低于倍量式时，苹果尤其是金冠苹果、山楂、柿树等易发生药害。石灰量高于等量式时，葡萄、龙眼、无核紫等品种易产生药害。因此，应根据植物对石灰和硫酸铜的敏感程度，确定选择等量式、倍量式、多量式或半量式波尔多液。

不同植物或不同发育阶段的植物，对波尔多液的反应有差异，在配制和施药时应区别对待。一般花木前期植物幼嫩，耐药力较弱，使用浓度要低。

3. 使用时间不当

波尔多液是保护剂，不管防治哪一种病害都必须在病害侵入前喷施防治效果好，应选择晴天施用，不能在干旱、阴雨天施用。波尔多液虽然是安全农药，使用时也应根据花木种类和生长期合理用药。

在高温，特别是干旱期情况下使用波尔多液时，对石灰敏感的植物易引起药害，在雨量大的情况下，对铜敏感的作物易发生药害。在高温条件下使用波尔多液，易引起由石灰造成的药害。喷药以后，药液没干就下雨或叶片露水没干就打药，由于铜的离解度及叶片渗透能力的改变，会使叶片上可溶性铜的含量迅速增加，致使叶片灼伤。波尔多液喷施后经过一段时间，若遇较大的风雨时，也会使叶面上可溶性铜的含量迅速增加，使叶片枯焦，即造成风雨药害。喷打波尔多液应选择晴朗无露水的时候进行，炎夏喷施应避开高温的中午，以免石灰在高温下引起药害。雨季喷药应尽量避开风雨天气，同时在配药时要加大石灰的用量和比例。如葡萄、梨对石灰敏感，一般在干旱季节用半量式，即硫酸铜：生石灰：水＝1：0.5：(150～200)；在雨季用等量式，即硫酸铜：生石灰：水＝1：1：(150～200)；柿树在雨季可用多量式，即硫酸铜：生石灰：水＝1：5：(300～600)。果实幼果期和临近成熟时使用波尔多液，会造成果面锈斑，果皮粗糙，光洁度下降，降低果实外观品质。由于波尔多液黏着力强，残效期可达 15 天以上。水果、蔬菜在收获前 15～20 天不能使用，以免造成果品污染。

4. 混用不当

波尔多液不能与石硫合剂、福美双、福美砷、退菌特等混合使用。喷过石硫合剂 10 天之后才能喷施波尔多液，喷过波尔多液后需要经过 20～30 天才可以打石硫合剂。波尔多液与有机磷农药混用应慎重，随混随用，不能久放。主要不能与石硫合剂及敌百虫等农药混用。混用间隔时间短，易产生药害。

5. 产生药害及时补救

产生药害后立即用清水喷洒果树，反复喷二、三次。铜离子药害，可在清水中加入 0.5%～1%的石灰喷施；石灰药害，可喷 400～500 倍米醋液。另外，要注意波尔多液药液属碱性，对金属有腐蚀作用，每次使用完毕后，要将喷雾器冲洗干净。

6. 波尔多液种类不同、树种不同、使用时期不同

波尔多液因配制原料生石灰的用量不同而有不同种类，且不同种类的波尔多液适用于不同的果树树种和同种果树的不同时期。如防治苹果早期落叶病、炭疽病、轮纹病等，应用1∶3∶240即 1 份硫酸铜，3 份生石灰，240 份水的波尔多液；防治梨黑星病，早期应用 1∶2∶250 的波尔多液，后期用 1∶2∶200 的药液；防治葡萄霜霉病、房枯病等应用 1∶0.5∶200 的药液；防治葡萄炭疽病应用 1∶0.5∶160 的药液。

7. 石硫合剂、波尔多液不能混用

这两种农药都是杀菌剂，又是碱性农药，为什么不能混用呢？因为混用后会很快发生化学变化，生成一种黑褐色的多硫化铜沉淀物，不仅破坏了两种药剂原有的杀虫能力，同时，多硫化铜又继续溶解、产生过量的可溶性铜，对果树易生药害。而且可溶性铜越多，药害越重。药害症状是落叶、落果，叶片、果实呈灼烧状病斑或干缩等。这两种药，非但不能混用，就是接连使用也不行，也同样会出现药害。它们在使用中，要有一定间隔时间。如先喷石硫合剂，至少要隔 10～15 天才能喷波尔多液；如先喷波尔多液，必须间隔 20～30 天，才能喷石硫合剂，这样才能避免发生药害。

第三节　美国白蛾的防治技术

美国白蛾属鳞翅目、灯蛾科。别名秋幕毛虫、美国灯蛾、秋幕蛾等。

一、分布与危害

美国白蛾食性极杂，全世界都有分布，是举世闻名的世界性检疫害虫，是我国第2号林业检疫性有害生物。对园林树木、经济林、农田防护林等造成严重的危害。目前已被列入我国首批外来入侵物种，其危害一点不亚于森林火灾。此外，被害树长势衰弱，易遭其他病虫害的侵袭，并降低抗寒抗逆能力，严重破坏城市绿化景观和生态环境，对经贸、旅游、农林生产均产生直接影响。

二、为害植物

主要为害果树、行道树、观赏树木和蔬菜等300多种植物，尤其以阔叶树为重，其中悬铃木、白蜡、椿树、泡桐、金银木、山楂、桑树等危害较重，还为害桃、樱花、杨树、柳树、榆树、槐树、海棠、丁香、紫荆、五角枫、爬山虎、葡萄等园林植物。对玉米、大豆及蔬菜等农作物也有危害。

三、为害症状

美国白蛾以幼虫（图5-1）取食植物叶片，1～2龄幼虫一般群居在吐丝结成的网幕中，在叶子背面啮食叶肉，残留叶子上表皮，并留下叶脉，叶片呈透明纱网状。3龄前的幼虫群集在一个网幕内为害，3龄幼虫开始将叶片咬成缺刻呈小孔洞。4龄幼虫开始分成若干个小群体，形成几个网幕，藏匿其中取食。1～4龄幼虫一直生活在网幕中。4龄末的幼虫食量大增，5龄以后幼虫从网幕内爬出，分散为单个取食并进入暴食期，直到全树叶片被吃光，同时幼虫向附近的大田作物、蔬菜和花卉杂草植物上转移为害。幼虫有较强的耐饥力，5龄以上的幼虫9～15天不取食仍可发育，这时的幼虫可以爬附于交通工具进行远距离传播。美国白蛾大发生时，由于

图 5-1 美国白蛾幼虫

食性杂，发生量大，传播蔓延快，以致所到之处不少园林植物的叶片被吃光，严重影响树木生长发育，受害区各种园林植物呈现一片枯黄，状如秋天，甚至造成树木枯死。

四、形态特征

1. 成虫

成虫（图 5-2）为白色中型蛾子。体长 9～15 毫米，翅展 23～44 毫米。复眼黑褐色，下唇须小，端部黑褐色，口器短而纤细。胸部背面密布白毛，多数个体腹部白色，无斑点，少数个体上有黑点。雄蛾触角双栉状，黑色，长 5 毫米，内侧栉齿较短，约为外侧栉齿的2/3，下唇须外侧黑色，内侧白色，多数前翅散生几个或多个黑褐色斑点；雌蛾触角锯齿状，褐色，前翅多为纯白色，少数个体有斑点。后翅一般为纯白色或近边缘有小黑点。成虫前足基节及腿节端部为橘黄色，胫节及跗节外侧为黑色，内侧为白色。成虫寿命为 4～8 天。

图 5-2 美国白蛾成虫

2. 卵

圆球形，直径约为 0.5 毫米，初产时呈浅黄绿色，后变灰绿色，在卵化前变灰褐色。

3. 幼虫

体色变化较大，根据幼虫头壳和体背毛瘤的色泽分为“黑头型”和“红头型”，我国发现的幼虫几乎都为“黑头型”，老熟时体长 28～35 毫米，黑头头部黑亮，有光泽。胸、腹都为灰褐色至灰黑色，背部两侧线之间有一条灰褐色的宽纵带，背中线，气门上线及气门下线为黄色，纵带上方两侧各有一排黑色毛瘤，体侧毛瘤多为橙黄色，毛瘤上着生白色长毛，杂有黑色或褐色毛。气门白色，长椭圆形，黑边。胸足黑色，臀足发达。

4. 蛹

体长 8～15 毫米，宽 3～5 毫米，暗红褐色。中央有纵向隆脊。雄蛹瘦小，雌蛹肥大。蛹背有黄褐色或暗灰色薄丝质茧，茧上的丝混杂着幼虫的体毛共同形成网状物。

五、生活史及习性

一年发生3代，以蛹在树皮裂缝、砖石瓦块、枯枝落叶、表土层、墙缝等处越冬。越冬代成虫发生在4月上旬至6月下旬。第一代幼虫发生期在5月上旬至7月上旬，6月上旬为网幕高峰期，第一代成虫发生在6月下旬至8月上旬。第二代幼虫发生期在7月上旬至8月下旬，8月上中旬为幼虫网幕高峰期，第二代成虫发生期在8月上旬至10月上旬。第三代幼虫发生期在8月下旬至11月上旬，9月下旬至10月上旬是幼虫网幕高峰期。一个世代大约40天左右。幼虫适应性强，4龄前吐丝结网，有暴食性，成虫产卵量大，趋光性较强。

美国白蛾刚羽化的成虫对垂直植物表现出强烈的趋性。成虫在钻出蛹壳后，迅速爬到附近直立的物体上，如树干、墙壁、电线杆及草本植物的茎秆上，静伏不动，高度大约1米左右。天黑以后开始飞翔，寻找寄主植物。成虫的飞翔活动对种的生存有重大意义，因为越冬蛹的分布比较分散，有许多远离寄主，倘若飞翔活动没有选择寄主，大多数的幼虫会因为缺乏合适的食料而发育不全或饿死。

美国白蛾的趋光性较弱，对紫外线的趋性相对较强。因此，黑光灯仍能诱到一定数量的成虫。由于雌蛾的孕卵量大，活动较少，所以诱到的成虫多为雄蛾，约占总蛾量90%。

成虫落到寄主植物上之后，开始静伏下来，直到次日凌晨3时，当蛾子受到微光的刺激后开始向叶片边缘移动，此时雄蛾较为活跃，在叶片上来回爬行，有时还拍击翅膀。随着光线的进一步增强，雄蛾开始起飞，在雄蛾活动的诱导下，雌蛾开始释放性外激素，招引雄蛾开始交配。一般情况下，雌成虫于交配后当天下午或夜里开始产卵，没有交配的雌成虫一般不产卵或只产少数分散的卵，大部分卵留在体内。雌蛾常将卵产在树冠外围叶片的背面，有少数雌虫将卵产在枝条上。一头雌虫一生只产一块卵，平均500～700粒，约需要2～3天完成。

幼虫共7龄，幼虫期30～40天。初孵幼虫有取食卵壳的习性。幼虫有暴食性，并具有较强的耐饥饿能力。一头幼虫一生可以吃掉10～15片叶子。5龄后食量暴增。有时在3～4天可将一棵树的树叶吃光。幼虫老熟后就停止取食，沿树干下行，在树干的老皮下或附近的其他地方寻觅化蛹场所。在找到合适的地方后，幼虫就钻入其内化蛹。

六、防治技术

1. 加强监测和检疫

对来自疫区的苗木、接穗、花卉、鲜花、果品及包装箱和交通工具等必须严格检疫。重点监测调查区域为，与疫区有货物运输往来的车站、码头、机场、旅游点、货物集散地、市场、养殖专业户，乡村农户房前屋后；机关、单位、学校、企业（尤其是过去绿化较好的现在停产、半停产的企业）、部队营房和鱼虾池周边的树木及公路、铁路两侧的树木；脏乱臭地方的树木；凡是疫区的苗木未经检疫和处理的严禁外运，疫区应采取切实的防治方法，有效地控制美国白蛾疫情的扩散蔓延。

2. 人工方法

做好虫情监测，一旦发现害虫，应尽快查清发生范围，进行封锁和除治，防止蔓延。在幼虫3龄前若发现网幕，可组织人工剪除网幕，集中处理。3龄后在幼虫已经分散的情况下，可在幼虫下树化蛹前在树干绑草把，集中诱杀下树化蛹的幼虫，明确专人负责，定时将其集中焚烧处理。

3. 性诱剂和趋性诱杀器诱杀成虫

在成虫发生期，将诱芯放入诱捕器内，把诱捕器悬挂在园林植物间或林间，可直接诱杀雌成虫，以阻断成虫交尾，降低其繁殖率，可达到消灭害虫的目的。

4. 喷药防治

可利用高射程喷雾机在3龄幼虫期以前进行喷雾防治，施用药剂及剂量有：1%苦参碱3000倍液、阿维菌素B1 3000倍液、森得保（由苏云金杆菌＋阿维菌素＋植物中间剂复配而成的生物粉剂）5000倍液、20%的除虫脲悬浮剂6000～8000倍液、1.2%苦烟乳油4000倍液、25%灭幼脲3号悬浮剂2000倍液、4.5%高效氯氰菊酯1000倍液等喷雾防治，均可达到一定防治效果。

5. 生物防治

可利用美国白蛾的天敌进行生物防治，周氏啮小蜂是其主要天敌，原产于我国。周氏啮小蜂放蜂的最佳时期是在美国白蛾老熟幼虫期和化蛹初期。放蜂应在25℃以上，10:00～16:00时晴朗天气进行。此时光线充足，湿度小，利于雄蜂飞行寻找寄主产卵。放蜂量按蜂虫3∶1的比例掌握。

第四节　苹果瘤蚜

苹果瘤蚜又名苹果卷叶蚜，俗称腻虫，属同翅目、蚜科。

一、分布与危害

我国国内各苹果产区、日本、朝鲜均有分布。

为害状：成蚜、若蚜群集叶片、嫩芽和幼果刺吸汁液，致受害幼叶首先出现红斑，不久受害叶边缘向背面纵卷皱缩成条筒状，有时卷成绳状，叶片皱缩，瘤蚜在卷叶内为害，叶子外表看不见瘤蚜，叶肉组织增厚，叶面凹凸不平，后期叶片逐渐变黑褐色，最终干枯。严重受害新梢叶片全部卷缩，并逐渐枯死，被害梢节间短，枯死叶冬季不脱落。被害幼果果面出现凹陷红斑，严重的产生畸形果。

二、寄主植物

苹果、槟沙果、海棠、山楂、山荆子等。

三、形态特征

1. 成虫

无翅胎生雌蚜：体长 1.4～1.6 毫米，近纺锤形，体暗绿色或褐绿色，头淡黑色。复眼暗红色。具有明显的额瘤。触角黑色，口器末端黑色。第 3、4 节基半部淡绿或淡褐色外，其余全为黑色。胸、腹部背面均有黑色横带。腹管与尾片似有翅胎生雌蚜。长圆筒形，末端稍细，具有瓦状纹，尾片圆锥形上生 3 对细毛，腹管和尾片均为黑褐色。有翅胎生雌蚜：体长 1.5 毫米左右，卵圆形，翅展 4 毫米。头、胸部暗褐色，腹部绿色至暗绿色。具明显的额瘤，且生有 2～3 根黑毛；口器、复眼和触角均为黑色，口器末端可达中足基部；触角第 3 节有次生感觉圈约 23～27 个，第 4 节有 4～8 个，第 5 节有 0～2 个。翅透明。腹管和尾片黑褐色，腹管端半部色淡。

2. 若虫

无翅若蚜体小，淡绿色。似无翅胎生雌蚜。有翅若蚜胸部发达，有暗色翅芽，体淡绿色，此称翅基蚜，日后则发育成有翅蚜。

3. 卵

长椭圆形，黑绿色而有光泽，长径均约 0.5 毫米。

四、生活史及习性

一年发生 10 多代，以卵在一、二年生枝条上芽缝、剪锯口等处越冬，也可以在短果枝皱痕和芽鳞片上越冬。次年寄主植物发芽时，即 4 月上旬越冬卵孵化，孵化期约为半个月。新孵化的若蚜转移到嫩叶上为害，被害叶片向背面纵卷成桶状。叶片变粗变脆，失去光合能力。严重时整树叶片皱缩干枯，严重影响树木生长。幼果时期还能为害幼果，果实不能生长，果实小，造成早期落果。当年 5 月是发生严重时期。经孤雌胎生繁殖，扩大种群数量，群集芽叶为害繁殖，自春季至秋季均孤雌生殖，由于产生有翅胎生雌蚜的数量较少而扩散缓慢，因此使得有虫株口密度较大，受害重。10～11 月出现有性蚜，交尾后产卵，以卵态越冬。

五、防治技术

防治苹果瘤蚜（图 5-3，图 5-4）的关键是，在越冬卵孵化盛期及时喷药。

① 在苹果萌芽前喷施 1 次 3～5 波美度石硫合剂，或 45%石硫合剂晶体 40～60 倍液，对越冬卵杀灭效果显著。孵化始期在 4 月初，4 月中旬在孵化盛期，4 月下旬孵化结束。

② 结合冬季修剪，剪除被害枝梢，落花后半个月内要经常检查，发现受害枝梢，及时剪除销毁。

③ 施药种类及方法，受害严重的果园或树木，生长期及时喷药防治，关键是喷药时间。应掌握在越冬卵全部孵化后，叶片尚未卷曲之前进行。适宜喷药的时间是苹果发芽后半个月左右，至开花

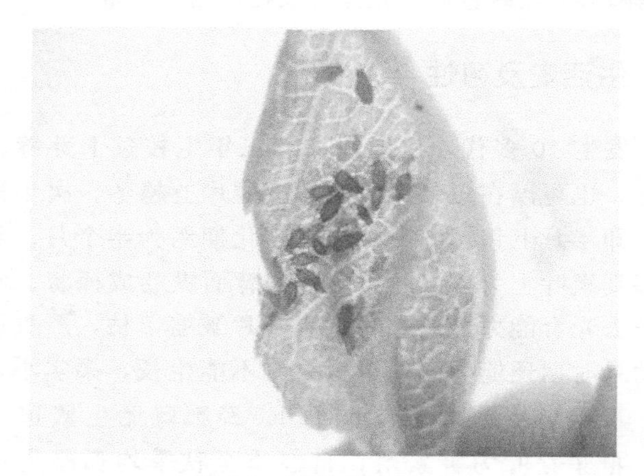

图 5-3 苹果瘤蚜（一）

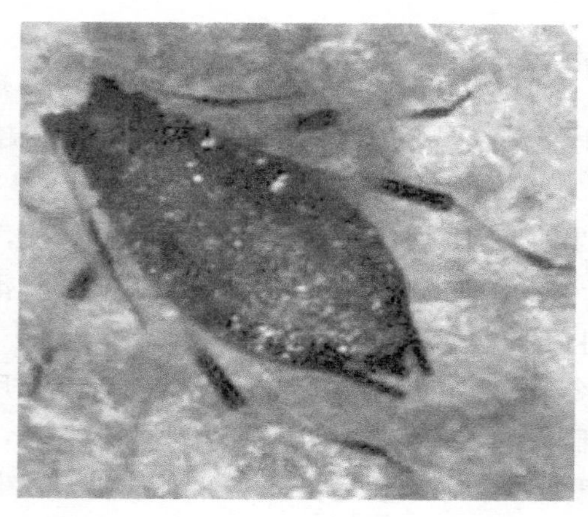

图 5-4 苹果瘤蚜（二）

之前进行，喷药一次即可。常用有效药剂为：10%吡虫啉可湿性粉剂 2000～3000 倍液；3%啶虫脒乳油 2000～3000 倍液；5%定击乳油 3000～4000 倍液。在没有卷叶之前消灭初孵化的蚜虫，要求淋洗式喷布，做到枝、叶、芽全面着药，争取全部消灭。

第五节 国槐尺蠖的防治技术

国槐尺蠖，俗称吊死鬼，鳞翅目、尺蛾科。

一、分布与危害

我国北京、河北、山东、江苏、浙江、江西、台湾、陕西、甘肃、西藏等地有分布，日本、朝鲜也有分布，是国槐、龙爪槐等槐树的一大害虫。以幼虫食叶片，危害严重时常把叶片全部吃光，仅剩叶脉，严重影响树木生长，甚至可使树木死亡。城市行道树的成熟幼虫常吐丝、下垂、排粪、各处乱爬，掉落在行人身上或车上影响通行，严重影响环境卫生和绿化效果，是北京地区严重扰民的暴食性食叶害虫。

二、寄主植物

国槐、刺槐、龙爪槐、金枝槐、蝴蝶槐等。

三、形态特征

1. 成虫

国槐尺蠖（图 5-5，图 5-6），雄成虫体长 14～17 毫米，翅展 30～43 毫米。雌成虫体长12～15 毫米，翅展 30～45 毫米，体黄褐色至灰褐色。触角丝状，长度约为前翅的 2/3。复眼圆形，其上有黑褐色斑点。口器发达，下唇须长卵形，突出于头部两侧。前翅亚

图 5-5 国槐尺蠖（一）

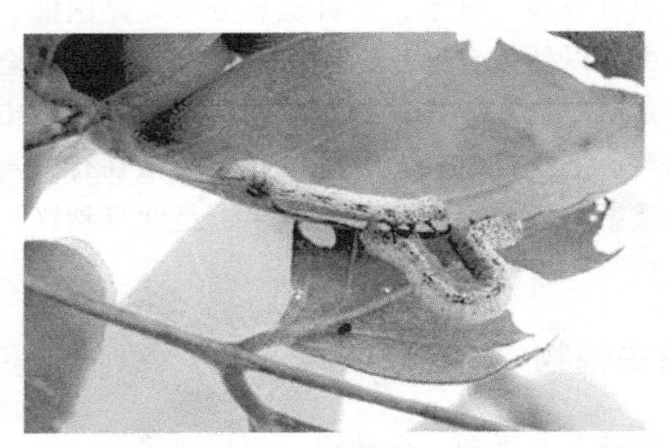

图 5-6 国槐尺蠖（二）

基线及中横线深褐色，近前线处均向外缘转弯成一锐角。亚外线黑褐色，由紧密排列的 3 列黑褐色长形斑块组成，近前线处成单一褐色三角形斑块，其外侧近顶角处有 1 个长方形褐色斑块。顶角浅黄褐色，其下方有 1 个深色的三角形斑块。后翅亚基线不明显，中横线及亚外线均近弧状、深褐色，展翅时与前翅的中横线及亚外缘线相接。中室外缘有 1 个黑色斑点，外缘呈明显的锯齿状缺刻。足色与体色相同，但足与腿节长度相等。

2. 幼虫

老熟幼虫体长 30～40 毫米，初孵时黄褐色，老幼虫绿色，体背灰白色或紫红色。胸足 3 对，腹足和臀足各 1 对，行走时体曲如弓。幼虫两型：一型 2～5 龄直至老熟前均为绿色；另一型则 2～5 龄各节体侧有黑褐色条状或圆形斑块。末龄幼虫老熟时体长 20～40 毫米，体背变为紫红色。

3. 卵

钝椭圆形，表面有网纹，长 0.58～0.67 毫米，宽 0.42～0.48 毫米，初产时鲜绿色，渐变红褐色，孵化时灰黑色。卵亮白色透明，密布蜂窝状小凹陷。

4. 蛹

长 16.3 毫米，宽 5.6 毫米，圆锥形，由粉绿色渐变成红褐色。臀棘即钩刺两枚，其长度约为臀棘全长的 1/2 弱，雄蛹两个钩刺平行，雌蛹两钩刺向外呈分叉状。

四、生活史及习性

北京地区一年发生 4 代。以蛹在树下表土层或墙根附近等处越冬。次年 4 月中旬，成虫进入羽化盛期，有趋光性，取食清水、花蜜为补充营养的特性。白天多在墙壁上或灌木丛里停落，夜晚活动，喜在树冠顶端和外缘产卵。一般在叶正面主脉上产卵多粒。幼虫危害期分别发生在：第一代 5 月上旬至 6 上旬；第二代 6 月中旬至 7 月中旬；第三代 7 月中下旬至 8 月下旬；第四代 8 月中旬至 9 月下旬。卵散产于叶片、叶柄和小枝上，以树冠南面最多，产卵活动多在每日的 19～24 时，幼虫孵化以 19～21 时为盛，同一雌蛾所产的卵孵化整齐，孵化率在 90％以上。孵化孔大多位于卵较平截一端，孔口不整齐。幼虫孵化后即开始取食，幼龄时食叶呈网状，3 龄后取食叶肉，仅留中脉。幼虫一生食叶量为 1.679 克/头，相当于槐树 1 个成熟复叶全部叶片的重量，其中 1～4 龄幼虫食叶量为 0.18 克/头，占幼虫全部食量的 10%，末龄幼虫食叶量为 1.49 克/头，占全食量的 90%。因此，国槐尺蛾大发生时，平均每个复叶有虫 1 头，几天内就可将叶片全部吃光。幼虫能吐丝下垂，随风扩散，或借助胸足和 2 对腹足作弓形运动。老熟幼虫已完全丧失吐丝能力，能沿树干向下爬行，或直接掉落地面。1 龄幼虫的耐饥力，在平均气温为 29℃时只有 1 天。幼虫体背出现紫红色，即幼虫已老熟，老熟幼虫大多于白天离树或下树入土化蛹。化蛹场所通常都在树冠投影范围内，以树冠东南向最多。在有适宜化蛹场所，如土质松软条件下，离树干最远不超过 12 米。幼虫入土深度一般为 3～6 厘米，少数可深达 12 厘米。城市行道树生境内，多在绿篱下，墙壁下浮土中化蛹。在裸露地面上也能化蛹，但成活率极低。成虫多于傍晚羽化，羽化后即可交尾，雌虫一生交尾 1 次，少数也有 2 次的。交尾一般在夜间，历时 0.5～6 小时，一遇惊扰即迅速分开。成虫产卵量与补充营养显著呈正相关。成虫羽化后即有 35%左右的卵已发育成熟，即使不给任何食物，这些卵都可以顺利产出。以清水、蜂蜜、白糖水喂饲成虫，产卵量和寿命分别比绝食者增加 1.5～3 倍。在自然界，成虫取食珍珠梅等的花蜜。每雌产卵量261～519 粒，平均为 420 粒。成虫寿命依气温而异，雄虫为 2.5～19 天，雌虫为 2.5～17 天。越冬蛹全部进入滞育，越冬初期即使放在人工适温条件下也不发育，在 6℃经 54 天低温后，蛹即可继续在适温下发育羽化。

天敌：在北京常见的胡蜂捕食国槐尺蠖，幼虫期尚有 1 种小茧蜂寄生，但数量很少。蛹期有白僵菌寄生。在庭院中，家禽是国槐尺蠖的重要天敌，可大量啄食下地化蛹期的老熟幼虫和蛹。

五、防治技术

1. 检查方法

幼虫初为害期主要是检查叶片上出现被啃食的小白点和利用黑光灯监测。一般在平均叶片被害率不超过5%时，不影响树木生长、观赏和绿化功能。利用黑光灯诱杀成虫，以减少下一代幼虫的数量，减轻危害。于秋冬季和各代化蛹期，人工扫除老熟幼虫或在树木附近松土里挖蛹消灭。

2. 生物防治

① 在幼虫危害期使用BT乳剂（2500国际单位/毫克）500～800倍液；或用BT高含量可湿性粉剂（16000国际单位/毫克）2500～3000倍液喷雾防治。此方法既不污染环境，还可以降低50%防治成本。现已经在全国许多地方推广应用。

② 突然震荡小树或树枝，使虫吐丝下垂时弄下杀死。

3. 药剂防治

① 要狠抓第1代，挑治2、3代。于低龄幼虫期喷射10000倍的20%灭幼脲1号胶悬剂，于3龄幼虫期喷600～1000倍每毫升含孢子100亿以上的BT乳剂杀幼虫。

② 在尺蠖大发生时需要及时控制其危害，最佳防治期是5月上中旬，使用植物源类药剂如：1.2%烟碱・苦参碱1000倍液；25%灭幼脲3号悬浮剂2000倍液等，均可以取得良好的防治效果。

第六节 山楂叶螨

山楂叶螨，又名山楂红蜘蛛。属蛛形纲、蜱螨目、叶螨科。

一、分布与危害

我国华北、东北、西北、华中及南方各地区普遍发生。

为害状：早春成、若、幼螨常以小群体集于叶片背面，将其口器刺入叶组织，吸食芽、叶的汁液，叶受害初呈现许多失绿的小斑点，逐渐扩大连成片。在6～7月高温干旱期间，繁殖迅速，数量猛增，在叶片背面主脉两侧吐丝结网，产卵。受害叶片先从近叶柄的主脉两侧出现灰黄斑，严重时叶片枯焦并早期脱落，被害嫩芽发黄枯焦，不能展叶，常造成二次发芽开花，削弱树势，不仅当年果实不能成熟，还影响花芽形成和下年的产量，对山楂的危害十分严重。

二、寄主植物

寄主植物有苹果、梨、桃、樱桃、杏、李、山楂、梅、榛子、核桃、榆叶梅、海棠、石榴、榕树、锦葵、马蹄莲、海芋等多种植物。

三、形态特征

1. 成虫

山楂叶螨（图5-7，图5-8）雌螨有冬、夏型之分。冬型体长0.4～0.6毫米，鲜红色有绢丝光泽；夏型体长0.5～0.7毫米，紫红或褐色，体背后半部两侧各有一大黑斑，足浅黄色。体均卵圆形，前端稍宽且隆起，体背刚毛细长26根，横排成6行。雄体长0.35～0.45毫米，纺锤形，第3对足基部最宽，末端较尖，第一对足较长，体浅黄绿色至浅橙黄色，体背两侧各具1黑绿色斑。

图 5-7 山楂叶螨（一）

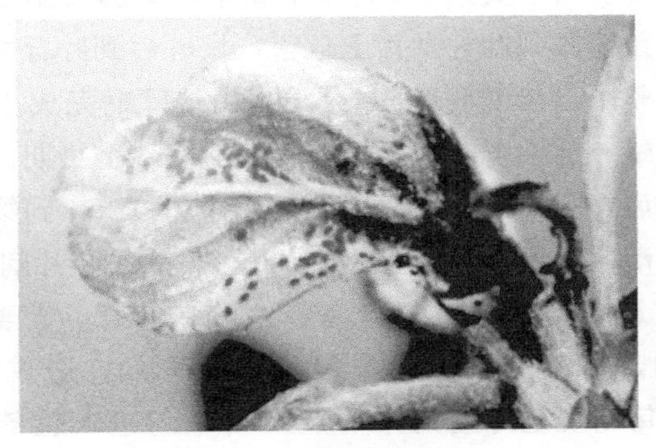

图 5-8 山楂叶螨（二）

2. 幼螨

足 3 对，体圆形，黄白色，取食后呈卵圆形浅绿色，体背两侧出现深绿黄斑。

3. 若螨

足 4 对，淡绿至浅橙黄色，体背出现刚毛，两侧有深绿斑纹，后期与成螨相似。

4. 卵

圆球形，浅橙黄色至橙红色，直径约 0.15 毫米，卵多产于叶背面，常悬挂于蛛丝上。

四、生活史及习性

山楂叶螨在华北地区每年发生 5～9 代，且每年发生代数因地区气候等条件影响而有差异。均以受精的雌性成螨在树体各种缝隙内的翘皮枝杈处，树干基部土缝间、枯草、落叶层下或土缝中越冬。翌年春越冬雌性成螨出蛰上树时期的早晚和延续时间的长短与当年春季气温有密切关系。4 月中下旬苹果芽膨大露绿时越冬雌性成螨开始出蛰，爬到叶片及芽上危害，展叶后到叶背危害。此时为出蛰盛期，整个出蛰时间为 40 余天。山楂叶螨完成 1 代，一般须经过卵、幼螨、前期若螨、后期若螨、成螨 5 个虫期。山楂叶螨在早春出蛰以后，多集中在树冠中下部及内膛枝上，到第一代雌螨出现后，才逐渐向树冠外围扩散，波及全树。7～8 月间温度高，繁殖最快，数量多，是全年危害高峰。常在叶背、花蕾刺吸为害，并吐丝拉网，可使受害叶片失绿呈灰黄斑点，造成叶片焦枯脱落。9 月下旬出现越冬型的雌螨，11 月下旬进入越冬。其传播方式除靠自身爬行外，还可凭借风力、人畜、树苗及果实传带。山楂叶螨近距离传播主要依靠吐丝拉网，随风扩散，而远距离传播主要依靠苗木的运输。

五、防治技术

1. 人工防治

清洁田园，消灭越冬虫卵，将修剪下来的枝梢烧毁。平时注意观察，出现叶片有灰黄斑点时，应仔细检查叶背和叶面，发现个别叶片有螨时，应及时摘除叶片焚烧将螨处死。结合果园各项农事操作，如早春树体萌动前结合刮病斑，刮除老翘皮下的冬型雌性成螨；或用新土埋压地下叶螨，防止其出土上树等。

2. 保护和利用天敌

尽量减少杀虫剂的使用次数及使用不伤害天敌的药剂，以保护天敌。叶螨类天敌的种类很多，在不常喷药的果园里，天敌十分活跃，在后期常能有效地控制叶螨危害。天敌有食螨瓢虫、小黑瓢虫、小花蝽、食虫盲蝽、草蛉、蓟马、隐翅甲、捕食螨等数十种。

3. 药剂防治

① 春季结合防治其他虫害可喷洒 3～5 波美度石硫合剂或 45％晶体石硫合剂 20 倍液；含油量 3％～5％的柴油乳剂，特别是刮皮后施药效果更好，在果树近发芽前喷于树干基部及其周围地面上，可消灭部分越冬雌性成螨。

② 果树花前花后是进行药剂防治叶螨和多种害虫的最佳施药时期，在做好虫情测报的基础上，及时全面地进行药剂防治，可控制在为害繁殖之前。可选用 0.3～0.5 波美度石硫合剂或 45％晶体石硫合剂 300 倍液；1.8％阿维菌素乳油 3000～5000 倍液；8％中保杀螨 2000 倍液；10％天王星乳油 6000～8000 倍液；20％的灭扫利乳油 2000～3000 倍液；20％的速螨酮可湿性粉剂 2000～3000 倍液。因螨类易产生抗药性，所以要注意喷打杀螨剂时要轮换交替使用，防治效果才能保证有效。

第七节 草履蚧

草履蚧又名草履硕蚧、日本履绵蚧、草鞋蚧、树虱子，草鞋虫。属同翅目、珠蚧科。

一、分布与危害

在我国东北、华北、华中、华东等大部分地区均有发生。北京城区、近郊区普遍发生，不但严重危害树木生长，对市民出行和市容环境也有影响，是北京地区出蛰为害最早的刺吸性害虫。

二、寄主植物

有海棠、樱花、无花果、紫薇、月季、梨、苹果、桃、李、核桃、柑橘、樱桃、板栗等花卉、果树，及红枫、槐树、杨树、白蜡、柳树、柿树、悬铃木、椿树等多种树木。

三、危害特点

以若虫和雌成虫群集在寄主植物的腋芽、嫩梢、叶片和枝干上，吸食植物的汁液为害，可使芽枯萎、枝梢枯死、造成植株生长不良，早期落叶，削弱树势，影响产量和品质，严重者可使全株枯死。

四、形态特征

1. 成虫

雌成虫无翅，体长8～10毫米，扁平椭圆形，形似草鞋，背部鼓起，黄褐色至黑褐色，外周淡黄色，腹部较肥大。触角鞭状，8～9节，足黑色，体上簇生微毛。腹部面有横皱褶和纵沟，体被有薄层白蜡粉。雄成虫体长5～6毫米，具翅一对，翅展约10毫米，不形成介壳，头及胸部黑色，腹眼突出，触角黑色，10节，腹部浓紫色，末端有17根枝刺，前翅淡黑色，有两条白色绒状条纹。

2. 若虫

灰褐色，与雌成虫相似，体长2毫米左右。

3. 卵

椭圆形，长约 1～1.2 毫米，淡黄白色。卵囊：白色棉絮状，长 15 毫米左右。

4. 蛹

圆筒形，长约 5 毫米，褐色，藏于白色蜡质茧内。

五、生活史及习性

草履蚧在华北一年发生 1 代，以若虫和卵在寄主附近的建筑物缝隙里、泥土砖石堆里、树皮裂缝、树洞里及树干基部土壤等处过冬。1 月底至 2 月初若虫孵化，并顺着枝干爬向树木嫩枝、幼芽去吸食植物汁液取食。3 月中旬（柳芽吐新芽长 5 毫米左右）为上树为害盛期，3 月底若虫第一次脱皮，体表开始分泌蜡粉。4～5 月进入为害盛期，若虫上树集中于上午10:00至下午 14：00，顺树干向上爬至嫩枝、叶片、幼芽等处，吸食汁液为害。虫体较大后则在较粗的枝干上为害。一龄若虫为害期在 50～60 天，经过二次蜕皮后雌雄虫分化。雄若虫蜕皮 3 次后下树，寻找树木老翘皮、裂缝、土缝等隐蔽处做薄茧化蛹，蛹期为 10 天。5 月上旬羽化为成虫，在树上为害，交尾后于 5 月上中旬雌成虫开始下树，分泌卵囊产卵，分泌白色绵状卵囊，产卵其中，并在卵中越冬越夏。

六、防治技术

检查方法：初为害期检查主要于 2、3 月查树干上及附近建筑物上出蛰的若虫或树木萌芽期查叶芽缝隙处的若虫。

1. 及时清除病残体

于秋冬季结合树木修剪、挖树盘、施基肥等措施清除树木周围的枯枝落叶、砖块、渣土等垃圾，用灰泥抹死树木附近建筑物的各种缝隙，深翻土壤，消灭过冬虫卵。

2. 塑料环

若虫上树前，在树干胸径处围10～20厘米的塑料环阻止其上树，并定期清除处理。

3. 药物防治

幼龄或爬行若虫期，可选用40%的速蚧克乳油1000～1200倍液；喷15%安民乐1500倍液；40%速扑杀1000倍液；连续喷打2～3次。

4. 诱杀下树的雌成虫

在雌成虫下树的始期（5月中旬）在树干上绑草诱集，或在树干基部挖一圈浅沟，沟中堆草来诱集成虫产卵，然后将草集中烧毁，杀死草中的卵，减少来年虫害的发生。

5. 保护和利用天敌

有多种天敌对草履蚧（图5-9，图5-10）形成控制，如红缘瓢虫，幼虫孵化后就可以吸吮草履蚧，因此天敌的保护利用可以控制和减少草履蚧危害的发生。注意保护红缘瓢虫等天敌。

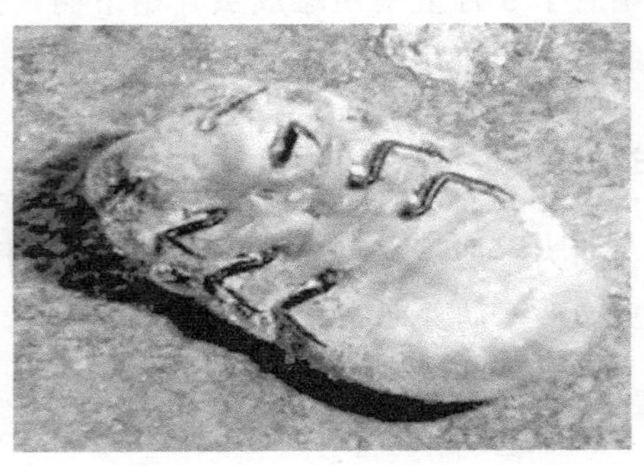

图5-9 草履蚧

图 5-10 草履蚧成虫

第八节 月季黑斑病

一、分布及危害

月季黑斑病（图 5-11，图 5-12）是一种世界性病害，在我国各地普遍发生。以北京、天津、沈阳、南京、上海等城市发生严重，是月季的一种发生普遍而又危害严重的病害，特别是“红帽子”、“黄和平”等易感病品种。除月季外，月季黑斑病还危害蔷薇、玫瑰、黄刺玫等多种花卉。

图 5-11 月季黑斑病（一）

图 5-12 月季黑斑病（二）

二、症害特征

识别特征：病斑主要发生在叶片上，但严重时叶柄和嫩枝也受害。发病初期，叶片上出现紫褐色小斑点，并逐渐扩大成黑褐色圆形或不规则形斑，直径 1～12 毫米，边缘呈放射状。后期叶片变黄，病斑中央灰白色，其上着生黑色小粒点，此为病菌的分生孢子盘。有的月季品种病斑周围常有黄色晕圈包围。有的品种往往几个病斑相连接为黄色斑块，而病斑边缘尚呈绿色，称为“绿岛”。嫩梢花梗染病产生紫褐色至黑褐色条形病斑，微下陷，严重时病斑连片，叶片枯萎脱落，嫩梢感病时呈黑褐色条斑，之后干枯。

三、病原菌及侵染规律

月季黑斑病的病原菌为蔷薇放线孢菌。月季黑斑病菌以菌丝或分生孢子在芽鳞、叶痕、枯梢和落叶上越冬。次年春天降雨后产生分生孢子，病菌借浇水、雨水飞溅或风传播，由表皮直接侵入。在适宜的温度、湿度条件下，潜伏期最短 3～6 天可出现症状，发病至叶片脱落约经 8～32 天，气温高时病叶脱落期缩短。北京地区 5 月中旬有零星发病，6 月上中旬进入发病始期，以后病情逐渐上升，8 月中旬进入发病盛期，9 月病情开始下降逐渐进入尾声。可随风雨传播进行扩大再侵染。多雨、多露水和雨后闷热，通风透气不良以及弱株和老株发病均较严重，植株生长势衰弱时易感病。

四、防治技术

田间管理好坏对月季黑斑病的发生发展起着重要作用，合理施肥，浇水时尽量采用灌浇的方式，不用喷淋，加强修剪等技术措施，提高月季的生长势，增强植物自身的抗病性。

① 秋冬季及时清除枯枝落叶，集中烧毁，防止扩大蔓延。

② 注意通风透光，浇水时不要采用喷灌，加强田间抚育管理。

③ 发病初期喷布1：2：200波尔多液，每隔20天左右连续喷药2～3次。

用1%硫酸铜喷洒表土，或用木糠、煤灰覆盖表土，厚度8毫米左右，可抑杀地表部分病菌，减少侵染机会。

可喷75%百菌清可湿性粉剂1000倍液，或百菌酮400倍液或50%多菌灵可湿性粉剂800倍液进行防治。

④ 选栽抗病品种，如栽植抗病性较强的“草莓冰激凌”“马蹄达”“杏花村”“伊斯贝尔”“金凤凰”“明星”等。

第九节 黄褐天幕毛虫

又名天幕毛虫、天幕枯叶蛾、顶针虫。属鳞翅目、枯叶蛾科。

一、分布与危害

全国大部分地区均有发生，是北京园林树木上发生较早的一种食叶害虫。主要以幼虫群集于一枝，吐丝结成网幕，危害寄主植物的芽及嫩叶，随着虫子生长逐渐下移至粗枝上结网巢，白天群栖巢上，夜晚出来取食，5龄后期分散危害，严重时将整枝整株树的叶片吃光。

二、寄主植物

包括黄刺玫、玫瑰等蔷薇科植物，苹果树、梨树、山桃、海棠、杏、沙果、李、柳、杨、桦、榛等树木。

三、形态特征

1. 成虫

见图 5-13。雌雄个体大小、色泽及触角有显著差异。雌蛾体长 18～24 毫米。翅展 29～42 毫米，体黄褐色，触角锯齿状，复眼黑色。前翅中央有 1 条深褐色横宽带，带两侧有米黄色的细线，密生细长的鳞毛。雄蛾体长 14～16 毫米，翅展 30～32 毫米，体淡黄色，触角（双锯齿状）羽状，前翅中部有内外 2 条褐色横线，两线间色稍淡，腹部较细瘦，呈圆锥形。

图 5-13　天幕毛虫成虫

2. 幼虫

老熟幼虫体长 50～55 毫米左右，头部暗蓝色，散有小黑点并生有许多黄、蓝、白、黑色相间的细长毛，背线两侧与气门上线之间各有 2 条橘黄色线纹。各节背面有黑瘤数个，瘤上着生黑色长毛。

3. 卵

见图 5-14。卵呈椭圆形（圆筒形），灰白色，顶部中央凹陷并有一小圆点。200～400粒环结于小枝上，粘结成一圈“顶针”状。

图5-14　天幕毛虫卵块

4. 蛹

椭圆形，体长13～20毫米，初为黄褐色，后变为黑褐色，全体密被淡褐色短毛。

5. 茧

纺锤形，双层，白色至黄白色，外被有淡黄色的粉状物。

四、生活史及习性

北京地区一年发生1代，以“顶针”状的卵环在枝条上越冬，专性滞育。次年4月上旬树木开花展叶时幼虫孵化，先在卵附近的芽及嫩叶上为害，后转到枝杈处吐丝结网成天幕，因此得名天幕毛虫。白天多群居于巢内或枝杈处，夜晚活动为害。随着幼虫的生长，天幕范围也逐渐扩大，1个天幕可长达20cm、宽10cm。幼虫多在暖天和晴天活动取食，阴雨天则潜伏在天幕上不活动。虫龄越大食量越多，严重时常把树叶吃光。幼虫期45天左右，近老熟时开始分散活动为害，经振动有假死坠落习性。5月中下旬幼虫老熟开始在卷叶内或建筑物上作茧化蛹，茧黄色、较厚。蛹期11～12

天。5月末至6月上旬羽化为成虫。成虫盛发期为6月中旬左右，成虫于夜间活动，并交尾产卵，且有趋光性。6月上中旬成虫羽化，羽化后交尾产卵于被害树的当年生小枝条梢端，卵粒环绕枝梢，排成“顶针状”卵环，每一卵环有卵200粒左右，大部分每雌虫产1个卵环。卵经过胚胎发育以后以幼虫在卵壳中越冬。

五、防治技术

1. 检查方法

主要是结合冬、春季修剪，检查去除枝梢上越冬虫卵，在幼虫发生期检查枝梢、分杈处上的虫果、丝网幕及有虫的叶片和枝条，人工刷掉或振落枝杈处网幕内和附近的幼虫集中烧毁。灯光监测诱杀成虫。

2. 保护利用天敌

天幕毛虫的天敌有赤眼蜂、姬蜂、绒茧蜂、伞裙追寄蝇、天幕毛虫抱寄蝇，核型多角病毒等。

3. 药剂防治

要掌握在幼虫3龄前进行。

① 于低龄幼虫期喷10000倍的20％灭幼脲1号胶悬剂或25％灭幼脲3号2000倍液。

② 必要时可喷2000倍的20％菊杀乳油。

第十节　桃（杏）球坚蚧的防治技术

半翅目，蜡蚧科，又名朝鲜球坚蚧、杏球坚蚧、朝鲜毛球蚧。

一、分布及危害

分布于我国长江以北及四川、云南等省。若虫及雌成虫固着在枝干、叶片、果实上吸食汁液，排泄蜜露，被害枝条上常出现雌虫介壳累累，常诱致煤污病的发生，影响光合作用，削弱树势。受害严重时造成春季发芽推迟或不能发芽，开花少，难成果，导致植物生长衰弱，重者植株枯死。

二、寄主植物

主要危害桃、杏、李、樱桃、山楂、红叶李、榆叶梅、海棠等，以核果类受害最严重。

三、形态特征

1. 成虫

雌成虫无翅，介壳近半球形，直径 3～5 毫米。最初介壳柔软、黄褐色，以后变硬呈红褐色至黑褐色，表面有极薄的蜡粉，有光泽。背中线两侧各有 1 纵列不规则的小凹点，腹部淡红色，腹面与贴枝接触处有白蜡粉。雄成虫体长 1.5～2 毫米左右，翅展 5.5 毫米左右，头、胸部赤褐色，腹部淡黄褐色，触角丝状 10 节，生黄色短毛，末端有交尾器一根。前翅发达，白色半透明，后翅退化为平衡棒。介壳长扁圆形，表面光滑。

2. 若虫

初孵若虫呈椭圆形，体背向上隆起，体背覆盖丝状蜡纸物，口器棕黄色丝状，长约 2.5 毫米左右，插于寄主组织内。越冬后的若虫体背淡黑褐色并有数十条黄白色的条纹，上有一层极薄的蜡层，雌性体长 2 毫米，体表有黑褐色相间的横纹。雄性略瘦小，体表近尾端 1/3 处有两块黄色斑纹。浅粉红色，腹部末端有 2 条细毛，固定后长约 0.5mm，体黄褐色，越冬后若虫体黑并且有数条黄白色条纹，上被薄层蜡质。

3. 卵

椭圆形，长约 0.3 毫米，半透明，初产时为白色，渐变为粉红色。附有一层白色蜡粉。

4. 蛹

长 1.8 毫米，赤褐色，腹部末端有黄褐色刺状突。

5. 茧

长椭圆形灰白色透明，扁平背面略拱，有 2 条纵沟及数条横脊，末端有 1 横缝。

四、生活史及习性

桃球蚧（图 5-15，图 5-16）北京一年发生 1 代，以 2 龄若虫在 1～2 年生枝条上过冬。次年 3 月上中旬树液流动后开始活动，很

图 5-15 桃球蚧（一）

图 5-16 桃球蚧（二）

快固定在枝条上为害。4 月上旬虫体固定，4 月中旬雌雄体明显分化，4 月下旬雌雄成虫交尾，交尾后雌成虫迅速膨大。一年中以 4 月中旬至 5 月初危害最严重。5 月上中旬雌成虫产卵于介壳下，卵期一般 7～10 天 。5 月中下旬若虫开始孵化，5 月下旬至 6 月上旬为若虫盛期，初孵若虫沿枝条迁至叶片背面或正面固定为害。固定后虫体背部被分泌的白色蜡质覆盖。9 月底至 10 月，蜕变为 2 龄，然后迁回到枝条上为害。10 月下旬至 11 月上旬开始越冬。雄虫寿命仅 2 天，每次交配 1 分钟，雌雄比为 3∶1，不交配雌虫也能产卵孵出幼虫。

重要天敌是黑缘红瓢虫，其成虫、幼虫都能捕食蚧的若虫和雌成虫，一头幼虫一夜可捕食 5 头雌虫，1 头瓢虫的一生可捕食 2000 余头，是抑制蚧壳虫大发生的重要因素。

五、防治技术

检查方法：主要检查枝条上过冬若虫的活动情况。

① 勿栽植带虫苗木，栽后发现虫害及时控制。

② 冬春结合修剪，去除有虫枝条，雌虫肥大期至产卵前，人工刷除雌成虫，刷除介壳，减少虫源。

③ 休眠期防治，在果树发芽前，用95%机油乳剂50～60倍液或3～5波美度石硫合剂，或45%晶体石硫合剂40～60倍液，全树喷雾，消灭越冬若虫。

④ 生长期防治：初孵若虫从母体介壳下向外扩散转移阶段是全年防治的关键时期，3月下旬开始，每7～10天左右喷药一次，连续喷2～3次。可选用40%的速蚧克乳油1000～1200倍液，40%速扑杀1000倍液，10%吡虫啉2000倍液喷雾防治。

⑤ 保护和利用黑缘红瓢虫等天敌，尽量少喷广谱性杀虫剂。

第十一节　柿绵蚧的防治技术

柿绵蚧原属同翅目，现属半翅目、毡蚧科。又叫柿毛毡蚧、柿毡蚧。

一、分布与危害

河南、河北、山东、山西、安徽等地区均匀分布。北京市公园、绿地、庭院中柿树上发生很严重，为害嫩枝、幼果和果实。若虫和成虫最喜群居在果实下面及柿柿与果实相结合的缝隙处危害。被害处初成黄绿色小点，逐渐扩大成黑斑，使果实提前软化脱落，降低产量和品质。

二、寄主植物

主要危害柿树、日本甜柿、君迁子、梧桐、桑树等。

三、形态特征

1. 成虫

雌成虫体长1.5～2.5毫米左右，扁椭圆形，紫红色。雌介壳长3毫米左右，椭圆形，虫体背面之卵囊，表面有棉絮状物。老熟时被包于一白色如大米粒的毡状蜡囊中。尾部卵囊由白色絮状物构成，似毛毡。雄成虫体长 1.2 毫米左右，紫红色。翅一对，暗白色，腹末有一小性刺，雄介壳长 1 毫米左右，椭圆形，似蛹壳。

2. 若虫

过冬若虫体扁平椭圆形，长 0.5 毫米左右，紫红色，体表有短的刺状突起，形似刺猬。

3. 卵

椭圆形，表面附有白色蜡状粉或蜡丝。

四、生活史及习性

柿绵蚧（图 5-17，图 5-18）北京地区一年发生 4 代，以若虫在二年生以上的枝条皮层裂缝、芽腋鳞片间、干柿蒂及树干粗皮缝隙

图 5-17 柿绵蚧（一）

中过冬。次年 4 月底 5 月初（柿树发芽展叶期）过冬若虫开始爬至嫩叶、叶柄、叶背刺吸为害。5 月中、下旬形成白色蜡质囊壳，并在囊壳内产卵。6 月下旬第 1 代若虫孵化，选择幼嫩枝叶为害。7 月中旬第 2 代若虫孵化；8 月中下旬第 3 代若虫孵化；9 月下旬第

图 5-18 柿绵蚧（二）

4 代若虫孵化。10 月中旬若虫开始越冬。每代一般约 30 天，冬季一代长 180～190 天。前两代主要危害柿叶及 1～2 年生小枝，后两代主要加害柿果，以第三代危害最重。嫩枝被害后轻者形成黑斑，重者枯死。叶片被害后呈畸形，提早落叶。被害幼果早期容易造成脱落，长大以后则由绿变黄，由硬变软，俗称“柿烘”。枝多、叶茂、皮薄、多汁的品种受害最重。

五、防治技术

① 主要检查枝条上过冬若虫和活动情况。秋、冬季刷除枝干上的虫体。休眠期刮除老粗翘皮，剪除柿蒂，消灭越冬的若虫。

② 加强肥、水等养护管理，增强树势和抗虫力。

③ 于柿树将要发芽前喷 30～35 倍的 20 号石油乳剂，或 3～5 波美度的石硫合剂杀越冬若虫。

④ 于若虫爬出卵囊期，喷 20％菊杀乳油 2000 倍液，或 10％的吡虫啉 2000 倍液，每隔 7～10 天喷一次，连续 2～3 次。

⑤ 注意保护天敌，天敌有黑缘红瓢虫、红点唇瓢虫、草蛉等。

园林机械使用与维护技术

第一节　草坪剪草机的使用技术

一、草坪剪草机的组成

由发动机（或电动机）、外壳、刀片、轮子和控制扶手等部件组成。

二、草坪剪草机的分类

草坪剪草机（图 6-1）按动力可分为以汽油为燃料的发动机式、以电为动力的电动式和无动力静音式；按行走方式可分为自走式、非自走手推式和坐骑式；按集草方式可分为集草袋式和侧排式；按刀片数量可分为单刀片式、双刀片式和组合刀片式；按刀片剪草方式可分为滚刀式和旋刀式。一般常用的剪草机类型有发动机式、自走式、集草袋式、单刀片式、旋刀式机型。

图 6-1 草坪剪草机

三、草坪剪草机的使用

1. 初次使用

使用人员经过培训后，初次使用剪草机时，一定要熟读草坪剪草机“操作和维修保养指导手册”。新的草坪剪草机在初次使用时，要于 5 小时后更换机油，磨合后每使用 50 小时内更换 1 次；汽油要使用 92 号以上标号的无铅汽油。

2. 个人安全防护

剪草时一定要穿坚固的鞋，不能赤足或者穿着开孔的凉鞋操作剪草机。

3. 清理检查

修剪草坪之前，必须先清除草坪区域内的杂物，一定要检查清除草坪内的石块、木桩和其他可能损害剪草机的障碍物。检查发动机的机油液面位置不要低于标准刻度，且颜色正常，黏度适当。检查汽油是否足量，空气滤清器是否清洁，保持过滤性能。检查发动机、控制扶手等的安装螺丝是否拧紧。检查刀片是否松动，刀口是否锋利，刀身是否弯曲、破裂。

4. 调节底盘高度与启动

根据草坪修剪的“1/3 原则”和草坪的高度以及草坪机的工作能力，确定合理的草坪草修剪量和留茬高度，并调节草坪机的底盘高度。如果草坪草过高，则应分期分次修剪。高度调节后进行启动，冷机状态下启动发动机，应先关闭风门，将油门开至启动位置或最大，启动后再适时打开风门，调整油门位置。热机时可打开风门启动。

5. 剪草

根据草坪的品种和草坪密度，采用合适的速度进行剪草，如果剪草机前进的速度过快，则可能会导致剪草机负荷过重或剪草面不平整。剪草时，如果剪草区坡度太陡，则应顺坡剪草；若坡度超过30°，则最好不用草坪剪草机；若草坪面积太大，草坪剪草机连续工作的时间最好不要超过 4 小时。

6. 其他注意事项

① 在发动机运转或者仍然处于热的状态下不能加油，且加汽油时禁止吸烟。加油时如果燃料碰洒，一定要在机体上附着的燃料擦干净之后，方可启动引擎。燃料容器需远离草坪机 5 米以外，并扭紧盖子。

② 发动机运转时不要调节轮子的高度，一定要停机待刀片完

全静止后，再在水平面上进行调节。

③ 如果刀片碰到杂物，则要立即停机，将火花塞连线拆下，彻底检查剪草机有无损坏并维修好。

④ 对刀片进行检测或对刀片进行其他任何作业之前，要先确保火花塞连线断开，从而避免无意启动而造成事故。

⑤ 刀片磨利后要检测是否仍然处于平衡状况，如不平衡则会造成振动太大，从而影响剪草机的使用寿命。

⑥ 当剪草机跨过碎石的人行道或者车行道时，一定要将发动机熄灭且要匀速通过。

第二节 割灌机的使用技术

一、割灌机的使用

① 割灌机（图 6-2）割草之前，必须先清除割草区域内的杂物，以免损坏打草头、刀片。冷机状态下启动发动机，应先关闭风门，启动后再适时打开风门。若草坪面积太大，割灌机连续工作时间最好不要超过 4 小时。

② 割灌机使用后，应对其进行全面清洗，并检查所有的螺钉是否紧固、刀片有无缺损、检修高压帽等，还要根据割灌机的使用年限，加强易损配件的检查或更换。

二、割灌机的维护

1. 机油的维护

每次使用割灌机之前，都要检查机油液面，看是否处于机油标尺上下刻度之间。新机使用 5 小时后应更换机油，使用 10 小时后应再更换一次机油，以后根据说明书的要求定期更换机油。换机油

图 6-2 割灌机

应在发动机处于热机状态下进行。加注机油不能过多，否则将会出现发动难、黑烟大、动力不足（汽缸积炭过多、火花塞间隙小）、发动机过热等现象。加注机油也不能过少，否则将会出现发动机齿轮噪声大，活塞环加速磨损和损坏，甚至现拉瓦等现象，造成发动机严重损坏。

2. 空气滤清器的维护

每次使用前和使用后应检查空气滤清器是否脏污，应勤换勤洗。若太脏会导致发动机难启动、黑烟大、动力不足。如果滤清器滤芯是纸质，可卸下滤芯，掸掉附着在其上的尘土；如果滤芯是海绵质，可用汽油清洗之后，适当在滤芯上滴些润滑油，使滤芯保持湿润状态，更有利于吸附灰尘。

3. 打草头的维护

打草头在工作时处于高速高温状态，因此，在打草头工作约

25 小时后，应加注高温高压黄油 20 克。

4. 散热器的维护

散热器主要功能是消声、散热。当割灌机工作时，打飞的草屑会附着在散热器上，影响其散热功能，严重时会造成拉缸现象，损坏发动机，因此在每次使用割灌机后，要认真清理散热器上的杂物。

三、割灌机的常见故障与排除

1. 发动机运转不平稳

原因一般为：油门处于最大位置，风门处在打开状态；火花塞线松动；水和脏物进入燃油系统；空气滤清器太脏；化油器调整不当；发动机固定螺钉松动：发动机曲轴弯曲。

排除方法：下调油门开关，按牢火花塞外线；清洗油箱，重新加入清洁燃油；清洗空气滤清器或更换滤芯；重调化油器；熄火之后检查发动机固定螺钉：校正曲轴或更换新轴。

2. 发动机不能熄火

原因一般为：油门线在发动机上的安装位置不适当；油门线断裂；油门活动不灵敏；熄火线不能接触。

排除方法：重新安装油门线；更换新的油门线；向油门活动位置滴注少量机油；检查或更换熄火线。

3. 割灌机排草不畅

原因一般为：发动机转速过低；积草堵住出草口；草地湿度过大；草太长、太密；刀片不锋利。

排除方法：清除割灌机内积草；草坪有水待干后再割；分二次

或三次割，每次只割除草长的1/3；将刀片打磨锋利。

第三节 高枝油锯的使用技术

油锯用于森林采伐、造材、打枝等以及贮木场造材、铁路枕木锯截等作业。具有功率大、振动小、锯切效率高、伐木成本低等诸多优点。已成为我国林区手持式采伐主要机械。优良可靠的电火装置，供油系统采用可调式机油泵。

一、工作原理

高枝油锯（图6-3），是园林绿化中修剪树木常用的园林机械之一，是一种单人操作难度大、危险性强的机械。

图6-3 高枝油锯

发动机启动时，冷车时应将阻风门打开，热车时可不用阻风门，同时手动油泵压5次以上。把机器马达支座和钩环着地，在安全位置放稳，必要时将钩环放在较高位置，取下链条保护装置，链条不能触地或其他物体。选择安全位置站稳，用左手在风机外壳处将机器用力压在地上，拇指在风机外壳下面，脚不要踩在保护管上，也不要跪在机器上面。先慢慢拉出启动绳，直到拉不动为止，待弹回后再快速有力地拉出。如果化油器调节适当，切割工具链条在怠速位置不能转动。空负荷时应将油门扳至怠速或小油门位置，防止发生飞车现象；工作时应大油门。油箱中的油全部用完重新加油时，手动油泵最少压 5 次后，再重新启动。

二、操作流程

1. 修剪树枝的方法

① 修剪时先剪下口，后剪上口，以防夹锯。

② 切割时应先剪切下面的树枝。重的或大的树枝要分段切割。

③ 操作时右手握紧操作手柄，左手在把手上自然握住，手臂尽量伸直。机器与地面构成的角度不能超过 60°，但角度也不能过低，否则也不易操作。

④ 为了避免损坏树皮、机器反弹或锯链被夹住，在剪切粗的树枝时先在下面一侧锯一个卸负荷切口，即用导板的端部切出一个弧形切口。

⑤ 如果树枝的直径超过 10 厘米，首先进行预切割，在所需切口处约 20～30 厘米的地方切出卸负荷切口和切断切口，然后用高枝油锯在此处切断。

2. 链锯的使用

① 经常检查锯链张紧度，检查和调整时请关闭发动机，戴上保护手套。张紧度适宜的情况是当链条挂在导板下部时，用手可以拉动链条。

② 链条上总有少许油溅出。每次在工作前都必须检查锯链润滑和润滑油箱的油位。链条无润滑绝对不能工作，如用干燥的链条工作，会导致切割装置损毁。

③ 绝对不要使用旧机油。旧机油不能满足润滑要求，不适用于链条润滑。

④ 如果油箱中的油位不降低，可能是润滑输送出现故障。应检查链条润滑，检查油路。通过被污染的滤网也会导致润滑油供应不良。应清洁或更换在油箱和泵连接管道中的润滑油滤网。

⑤ 更换安装新链条后，锯链需要2～3分钟的磨合时间。磨合后检查链条张紧度，如有必要可重新调节。新的链条较已经用过一段时间的链条相比更需要经常进行张紧。在冷的状态下时锯链必须贴住导板下部，但用手能将锯链在上导板移动。如有必要，再张紧链条。达到工作温度时，锯链膨胀略下垂，在导板下部的传动节不能从链槽中脱出，否则链条会跳槽，需要重新张紧链条。

⑥ 链条在工作后一定要放松。链条会在冷却时收缩，没有放松的链条会损坏曲轴和轴承。如果链条是在工作状态下被张紧，那么冷却时链条就会收缩，链条过紧会损坏曲轴和轴承。

3. 燃油的加注

发动机为二冲程发动机，使用燃油为汽油与机油混合油，混合油配比为，二冲程专用机油∶汽油＝1∶50（普通机油∶汽油＝1∶25)。汽油采用90号以上，机油使用二冲程机油，符号为2T。一定要使用优质专用机油，严禁使用四冲程机油。建议新机在使用的前30小时配1∶40（普通机油1∶20)，30小时后按正常比例1∶50（普通机油1∶25）配油，坚决不允许超过1∶50（普通机油1∶25)，否则浓度太稀会造成机器拉缸。请严格按机器附带的配油壶配油，不能按估计随意配油。混合油最好现配现用，严禁使用配好久置的混合油。

机器工作前，先低速运行几分钟，看润滑锯链的机油成一油线再工作。机器工作时，油门放在高速上使用。每工作一箱油后，应休息10分钟，每次工作后清理机器的散垫片，保证散热。混合方法是在一个允许装燃料的油箱内先倒入机油，然后灌进汽油，混合均匀即可。

4. 安全操作检查

安全作业前，周围 20 米以内不允许有人或动物走动。一定要检查草地上有没有角铁、石头等杂物，清除草地上的杂物。

三、安全操作规程

① 按规定穿工作服和劳保用品，如头盔、防护眼镜、手套、工作鞋等，还应穿颜色鲜艳的背心。

② 机器运输中应关闭发动机。

③ 加油前必须关闭发动机。工作中热机无燃油时，应停机 15 分钟，发动机冷却后再加油。

④ 启动前检查高枝油锯的操作安全状况。

⑤ 启动高枝油锯时，必须与加油地点保持 3 米以上的距离。不要在密闭的房间使用高枝油锯。

⑥ 不要在使用机器时或在机器附近吸烟，防止产生火灾。

⑦ 工作时一定要用两只手抓稳高枝油锯，必须站稳，注意滑倒危险。

四、机器的保养与存放

1. 常规保养

严格按机器附带的配油壶配油，不能按估计随意配油。混合油最好现配现用，严禁使用配好久置的混合油；机器工作前，先低速运行几分钟，看润滑锯链的机油呈一油线，再工作。火花塞每使用 25 小时要取下来，用钢丝刷去电极上的尘污，调整电极间隙以 0.6～0.7 毫米为好。空气滤清器每使用 25 小时去除灰尘，灰尘大应更频繁。泡沫滤芯的清洁采用汽油或洗涤液和清水清洗，挤压晾干，然后浸透机油，挤去多余的机油即可安装。消声器每使用 50 小时，卸下消声器清理排气口和消声器出口上的积炭。燃料滤清器（吸油头）每 25 小时去掉一次杂质。

2. 贮存

高枝油锯贮存时，必须清理机体，放掉混合燃料，把汽化器内的燃料烧净。拆下火花塞，向汽缸内加入 1～2 毫升二冲程机油，拉动启动器 2～3 次，装上火花塞。机器放置在干燥安全处保管，防止无关人员接触。

第四节　高压动力喷雾机的使用技术

一、结构与特点

高压动力喷雾机（图 6-4）整机结构紧凑、功率强劲、喷射射程高、喷洒效率更高，配置 2∶1 四冲程汽油减速发动机，噪声小、油耗低，启动方便快捷、运输移动便利，特别适用于应急及快速移动操作。作业范围更大，可进行雾化施药。直流清洗，水柱喷射，特别适合野外作业。使用寿命长，结构钢管焊接担架，结构强度高，超强耐用，整机喷塑，防锈、防磨、防晒。主要由柱塞泵、发动机、药液箱、担架、输液胶管、喷枪部件组成。

二、操作说明

① 开机前，必须向发动机及泵头注入机油（注：柱塞泵不能在无水状态下使用，防止因脱水干磨造成烧损柱塞、损坏其他部件）。检查各连接处是否对接准确，坚固件是否牢固（安装牢固，减少振动防止因摔落伤害）。

图 6-4 高压动力喷雾机

② 加注清水时通过自备药液箱过滤网，严禁将砂粒或杂物带入药液箱内。

③ 将泵头高压把手上升到最高点并关上出水开关，然后启动发动机（参照发动机说明书），回水阀自动打开，开始反复搅拌药液，3～5 分钟即可搅匀药液，然后将调压把手降到最低点，调整调压螺丝，使压力表数在 25～30 千克力左右，旋紧固定螺帽放开出水开关。打开喷枪，即可实施作业，关闭喷枪时，药液又将自动顶开回水弹簧，将药液回到药液箱内，无须关闭发动机。泵头汽缸室上的三个黄油杯经常要加黄油，每使用两小时需顺时针旋紧黄油杯盖两转。曲轴箱内机油第一次使用 20 小时，第二次以后每使用 50 小时更换机油一次。适当换油时间是操作后机器降温时，取下放油螺栓即可放油，并清理曲轴箱内的杂质。

④ 作业时出现流量减少、压力不足，请检查发动机油门，如动力拖带自如，检查药液箱内吸水滤网是否堵塞，清除之；检查吸

水管是否装牢或漏气，上紧之；泵的进出水活门是否堵塞或磨损，更换之。观察关闭回水阀后，仍有回液流出，则要检查回水阀杆或回水阀座是否损坏，如有发现压盖紧固后仍有水在压盖处漏滴，则要检查密封件及柱塞是否损坏，不能修复的部件应立即予以更换。泵及发动机要参照说明书内容进行保养，每次作业完毕都要认真清洗，放掉剩余残液，用清水将药液箱内及出水胶管和泵体内的剩液过滤清。

三、注意事项

① 使用前仔细阅读、理解柱塞泵说明书、发动机使用说明书（注：柱塞泵不能在无水状态现使用，防止因脱水干磨造成烧损柱塞和损坏其他部件）。

② 喷雾时，要戴上口罩及防水手套，喷雾朝外；有风时，必须顺风喷雾，千万不能逆风作业，以防止农药溅到眼睛或脸部。

③ 喷雾时，严禁压力超过最高压力 40 千克力。

④ 在处理农药时，应遵守农药生产厂所提供的安全指示。

⑤ 作业后，农药有可能溅到的部位，如手、脚、脸等部位要及时清洗。

⑥ 检查各部分螺丝的松紧。

⑦ 严禁柱塞泵无水空转，以免烧毁机器内部零件。

⑧ 机器运转中，严禁身体各部分接触动力转动及传动部位。

四、安全操作规程

① 打药人员必须身体健康，孕妇、哺乳期妇女、患有皮肤病、心血管疾病、呼吸系统疾病及药物过敏反应的人员，不宜参加打药工作。

② 打药人员要经过一定的技术培训，按规定和说明使用药品，严格控制使用浓度，喷药后要检查防治效果，药液随打随配，打药

过程中，防护用品要佩戴齐全。

③ 喷药选择在晴朗无风天进行，雨天、夏季中午天气炎热时不得打药。如有小风应顺风喷射，防止逆风打药中毒。风力超过四级不打药，居民区打药要预先通知居民关闭窗户，更要疏散闲杂人员尤其是儿童和学生保持安全距离，不得低于30米，防止药物喷洒造成人员伤害。

④ 喷药或配药时，不准喝酒、吸烟、吃食物。工作完毕要用肥皂洗净手脸及外露部位。

⑤ 打药前必须做好各种准备，检查设备机具是否完好，使用时如喷头堵塞，应先停机关闭水节门，然后才可用清水冲洗排除故障严禁用嘴吹吸。中途配药，须先关闭机器方可操作。

⑥ 药品的购买、使用、运输和保管，要严格遵照有关药品安全使用规定执行。使用剧毒农药，须申报有关部门批准。药品要设专人保管。

⑦ 在喷药过程中，如有头痛、头昏、恶心、呕吐等症状，应立即离开现场，脱去工作服，洗净手脸，安静休息，重症者应及时送往医院治疗。

⑧ 设备专人管理，经常保养维修，确保各种机械安全可靠，不带故障使用，并做好各种机械设备的维修、保养记录。

⑨ 操作人员须经过培训，掌握一定技术，并且要专人使用，非专业人员不得使用。机械设备的油箱一律不得将油加满，且不得在中午和温度最高的时间进行加油。

⑩ 设备运转过程中禁止闲杂人员靠近，皮带和皮带轮运转部件以及消声器均不可触摸和靠近。机械设备加油必须由专人负责。

⑪ 设备使用前，维修人员必须认真检查设备的完好情况，如发现有缺机油、漏油或设备异常，必须要停止使用，并及时排除隐患。

⑫ 操作小型机械人员严禁吸烟和酒后操作。

⑬ 多台机械同时操作，应保持安全距离，不得低于30米。

⑭ 绿化生产中各种农药、油料属于易燃、易爆、剧毒危险品，使用和保管要严格按制度办事，严禁丢失，严禁随意丢放，避免中毒或爆燃事故。

⑮ 发生安全事故，必须立即采取相应措施

第五节 树木移植机的使用技术

一、工作原理

树木移植机（图 6-5）是一种在园林苗木移植过程中带土球连根挖取苗木的工具，能极大地提高人工挖苗的效率及提高苗木的成活率。它可轻松地切入泥土，锯断泥土中的树根及泥土中夹杂的石块，并可同时进行苗木整枝修剪。主要用于苗木移栽过程中带土球的挖取、装桶或淘汰林木的采伐更新，具有独特的便利性和优越的

图 6-5 树木移植机

功能。

树木移植机采用轮式结构，苗木挖掘时断根起苗快，泥土球径100厘米、苗木直径12厘米的苗木，单人操作只需3分钟，挖树效率比人工高20～30倍，而且成活率比人工（73%）提高了25%左右，达98%。机械的灵活性较高，能在3米×3米的树林中自由穿梭，工作十分方便。适合在－20～40℃环境温度下，Ⅰ级土壤条件下工作。

二、操作流程

① 画好或目测出所要挖掘树木的土球范围；

② 打开机器开关，将导板前端斜插入土中；

③ 调整好所要切割的苗木土球的深度；

④ 绕着预定的切割范围进行复往插入式切割；

⑤ 使切割范围成一个封闭的圆圈；

⑥ 切出来的土球呈漏斗状，一棵苗木就被完整地挖掘出来。

三、注意事项

① 未经专门训练，且未取得操作证的操作手，不允许上机操作！操作人员和维修人员在工作过程中必须戴安全帽和防护镜。

② 操作人员必须认真阅读操作保养手册及《发动机使用保养说明书》，熟悉本机的结构、性能、使用特点和维护保养等事项。

③ 助力器刹车油应经常检查油位，如油量过少，应及时添加刹车油、制动液。否则，离合会失灵。

④ 行走时，特别是下坡时，应注意贮气瓶中的气压指示（一般为0.6～0.7兆帕），气压过高或过低，会影响刹车制动性能。酿成安全事故。

⑤ 树木移植机制动系统及行走传动系统应经常检查。有无漏

气、漏油、螺栓松动等问题，以防发生意外。

⑥ 经常连续下坡使用者，树木移植机应加装刹车降温装置。

⑦ 树木移植机行走时，应注意将地面上的尖锐物料清除，否则会造成轮胎的人为损伤，甚至造成安全事故。轮胎气压要经常检查，避免因压力过高或过低造成轮胎的非正常损坏。

⑧ 树木移植机所用的燃油必须经过48小时沉淀后，方可加注，不允许向燃油箱内加注未经沉淀过滤的燃油。燃油及油箱加油口处，严禁烟火靠近！以免引起火灾。

⑨ 新树木移植机和检修后使用的树木移植机，必须进行磨合后，方可投入使用。

⑩ 发动机应严格按说明书规定的程序进行启动。

⑪ 树木移植机在起步前和工作时，应注意机组周围环境内人和物的安全。

⑫ 夜间工作时，应保证照明设备完好。

⑬ 在使用树木移植机时，应经常注意观察仪表及部件的工作情况并倾听响声，当出现异常现象时，应立即停车检查，排除故障。

⑭ 树木移植机在工作时，任何人不得上下树木移植机；发动机运转时，不允许检修树木移植机，以免引起伤亡事故。

⑮ 消声器、排气管在发动机工作时，是高温部位，身体不得靠近，以免烫伤。

⑯ 树木移植机工作时，水温接近100℃，打开水箱时，有被烫伤的危险，应待停机和水箱冷却后，方可开盖。

⑰ 停车时，各操纵杆应放在中立位，置于空挡，打开停车制动，将树铲总成置地，准备下次使用。

⑱ 在冬季气温低于0℃的地区作业完毕后，应在发动机怠速状态下将水放尽，以免冻坏机体。

⑲ 当发动机转速失去控制“飞车”时，应迅速停车，切断油路，熄火检查。

⑳ 树木移植机不得超载使用，以免机件过载造成损坏，甚至引发事故。

㉑ 不要弯折或敲打高压油管。工作时，液压油温在70℃左右，身体不得靠近，以免烫伤。维修液压系统时，应停机和待油温冷却后进行，并注意安全。

㉒ 树木移植机移树前必须使整车平稳，使机械发挥最大效率，工作时应尽量避免经常过载溢流，防止液压油发热及损坏元件。

㉓ 操作手柄不准硬拉硬推，要缓慢操作。

㉔ 树木移植机的液压油滤清器，要在工作200～300小时内清洗一次，工作1200小时左右后更换滤芯。

㉕ 树木移植机冬季使用32号或46号抗磨液压油，夏季必须换100号或68号抗磨液压油，夏季液压油温度应保持在80℃以内使机械正常工作。

㉖ 冬季施工时，首先将发动机启动，运转15～20分钟后，当液压油升温高于10℃后，方可施工，不然会损坏发动机和密封件。

㉗ 各销轴、连接部位等工作6～8小时后必须注油一次，加油要足。

㉘ 经常检查树木移植机齿轮箱内的齿轮油面，如发现缺少应立即加注。

㉙ 树铲应按切削轨道进行移树，在移树时不要硬啃板土，以免损坏液压系统，避免经常过载溢流，使液压油发热，损坏密封件和油管等。

第六节　挖坑机的使用技术

一、挖坑机的种类

挖坑机的选用首先要明确挖坑直径的大小与深度，其次是所用动力大小和土质的软硬程度。一般是用小功率手提式挖坑机挖小坑，大功率拖拉机挖大坑。因为挖坑机所需功率的大小与挖坑直径、土壤的性质关系极大，根据生产实践，挖直径 15～40 厘米左右的坑，在普通土壤上需选用 30 型左右的便携式手提挖坑机就可，而黏重土壤或沙质硬土则需选用 15 马力以上的硬土质专用挖坑机。

拖拉机挖坑机（图 6-6）又叫悬挂式挖坑，大型挖坑机的一种别名，是植树造林的产品。挖坑机的效率是人工的数十倍，操作熟练的情况每小时不低于 100 个坑，按一天工作 8 小时计算，一天可以挖 800 个坑，是人工的 60 多倍。悬挂式挖坑机由于动力较大，功效高，可挖较大的坑穴，适宜于地形平缓或拖拉机能通过的地区，使用它既可极大地提高机械化植树造林效率又能保证苗木的栽植质量。适用于大面积、大规模的植树作业，也可以广泛应用于田间地头，道路两侧绿化，沟河堤坝防汛植树任务。

图 6-6 拖拉机挖坑机

二、挖坑机的组成

悬挂式挖坑机由传动轴、减速器、钻头、拉杆和机架等组成。通过液压悬挂装置挂在拖拉机后面，由拖拉机动力输出轴经传动系统驱动钻头进行挖坑作业，也有用液压马达直接驱动钻头进行作业的。钻头一般采用双螺旋型，有的挖坑机装有两个或两个以上的钻头，称多钻头挖坑机，能充分利用拖拉机功率并提高生产率。为使钻头在工作时不因遇到石块、树根等障碍物超负荷时受损，在传动轴上装有牙嵌式离合器，在超负荷状态下离合器自动打滑，从而切断动力的传递。

三、挖坑机的特点

① 全部机件安装在一个整体式机座上，机座靠六个螺栓固定在拖拉机齿轮箱（原牵引板位置）上，所以配套拖拉机不需任何改制。

② 挖坑工作靠机械动力下挖，负荷能力强、效率高。

③ 由一人操作，作业中人不下机，通过操纵杆掌握钻挖头的起落、浮动以及钻挖深度。

④ 钻挖平稳，成坑质量好，挖出的土壤堆在坑边附近。

⑤ 结构紧凑，耐用性强，保养方便。

四、注意事项

① 拖拉机在运输作业中，要掌握好用两脚离合器换挡的技术要领，避免停车换挡。行车途中不要突然改变速度，猛加或猛减油门；尽量不用或少用制动，以减少动力消耗。

② 轮胎要保持较高的气压，充气压力一般应比规定值高 100～150 千帕，但不要超过最高压力。选择气压和尺寸合适的轮胎，购买轮胎时，最好选用断面宽度大于高度的轮胎。充分发挥轮胎与土

壤的附着作用，保持轮胎花纹合适的角度和高度，增加轮胎对土壤的附着性能，减少打滑。

③ 发动机润滑油（机油）要充足，加油应在停车状态下进行，油面应加至接近但不超过油尺上刻线处；要搞好柴油净化，保证润滑油的清洁和质量要求。

④ 按规定认真检查保养空气滤清器，减少进气阻力，不要用布或其他材料包住空气滤清器的进气口。

⑤ 正确调整机车各传动的配合间隙，以减少传动部分的动力消耗；正确调整牵引机具的配合间隙和牵引间隙，做到不松不卡。

⑥ 合理选择工作挡位，使发动机经常处于燃油完全燃烧的工作状态。油门应选择经济工作位置，以发动机不冒黑烟为准；若发动机冒黑烟，应适当降低挡位。

参 考 文 献

[1] 俞玖，园林苗圃学［M］. 北京：中国林业出版社，1988.

[2] 秦维亮，北京园林植物病虫害防治手册［M］. 北京：中国林业出版社，2011.

[3] 全国农业技术推广服务中心. 中国植保手册苹果病虫防治分册［M］. 北京：中国农业出版社，2006.

[4] 张鹏，董靖知，王有年，陶万强. 新编果树实用技术问答［M］. 北京：北京出版社 2000.

[5] 王金友，冯明祥，新编苹果病虫害防治技术［M］. 北京：金盾出版社，2004.

[6] 邱强. 原色苹果病虫图谱［M］. 北京：中国科学技术出版社，1993.

[7] 吕佩珂，庞震，刘文珍，高振江，赵庆贺，张宝棣，张超冲，庞宏宇，李振良，中国果树病虫原色图谱［M］. 北京：华夏出版社，1993.

[8] 吕佩珂，段半锁，苏慧兰，吕超，赵志远，何凤英，中国花卉病虫原色图鉴［M］. 北京：蓝天出版社，2001.

[9] 王江柱，刘欣. 苹果病虫害早防快治［M］. 北京：中国农业科学技术出版社，2006.

[10] 徐公天. 园林植物病虫害防治原色图谱［M］. 北京：中国农业出版，2002.

[11] 赵怀谦，赵宏儒，杨志华. 园林植物病虫害防治手册［M］. 北京：农业出版社，1994.